AF189958

Quadratische Funktionen und Gleichungssysteme

Systematische Untersuchungen ausgewählter Beispiele

von Ewald Bamberger

Bibliografische Information der Deutschen Nationalbibliothek:

Die Deutsche Nationalbibliothek verzeichnet diese Publikation

in der Deutschen Nationalbibliografie; detaillierte bibliografische

Daten sind im Internet über http://dnb.dnb.de abrufbar.

Herstellung und Verlag:

BoD – Books on Demand, Norderstedt

ISBN: 978-3744815338

Inhaltsverzeichnis

Prolog

In diesem Buch werde ich dir nicht in erster Linie erklären, was eine quadratische Funktion ist. Ich setze voraus, dass du quadratische Funktionen im Unterricht deiner Schule bereits kennengelernt hast.

Wohl aber werde ich dir zeigen, wie man mit diesen Funktionen umgeht, mit ihnen rechnet, sie zeichnet, sie untersucht. Auf diese Weise werden sie dir mit der Zeit vertrauter werden.

Vom Umfang her denke ich daran, sowohl die grundlegenden Inhalte der Klassenstufen 9 und 10 zu wiederholen als auch die weiterführenden Inhalte der gymnasialen Einführungsphase anzusprechen. Im Zusammenhang mit den quadratischen Funktionen werden wir uns mit den Parabeln beschäftigen. Mit linearen Gleichungssystemen in 3 Variablen und dem Gaußverfahren.

Die Untersuchungen der 20 quadratischen Funktionen in diesem Buch führen uns an das Verständnis wiederkehrender Begriffe heran. Brennpunkt. Leitlinie. Scheitelpunkt. Achsenabschnitt. Nullstelle. Tangente. Ableitung. Monotonie. Krümmung. Integral. Stammfunktion. Hauptsatz. Funktionenschar. Ortskurve.

Dieses Buch ist, wenn man so will, die logische und den Lehrplänen entsprechende Fortsetzung meines Buches *Lineare Funktionen und Gleichungssysteme. Typische Aufgabenstellungen an Beispielen erklärt.*

In jenem Buch habe ich Gleichungssysteme in 2 Variablen betrachtet und behandelt. In Hinblick auf die quadratischen Funktionen und - allgemeiner - auf die ganzrationalen Funktionen, benötigen wir aber Kenntnisse der linearen Gleichungssysteme in 3 oder mehr Variablen.

Daher scheint es mir sinnvoll zu sein, im Zusammenhang mit den quadratischen Funktionen den Umgang mit den Systemen weiter zu vertiefen und – neben der Weiterführung der Determinanten – auch das Gaußverfahren nun einzubeziehen.

Im Aufbau freilich unterscheidet sich dieses dir hier vorliegende Buch von jenem insofern, weil dort die Gliederung durch thematische Gesichtspunkte motiviert war, während hier die umfangreicheren Untersuchungen einzelner Funktionen (Kurvendiskussion) dem Buch die Gestalt geben, weswegen jeder Funktion ein eigenes Kapitel gewidmet ist.

Dir wünsche ich nun viel Erfolg mit diesem Buch.

Funktion I

Ich beginne mit der Funktion f: $f(x) = y = x^2$.

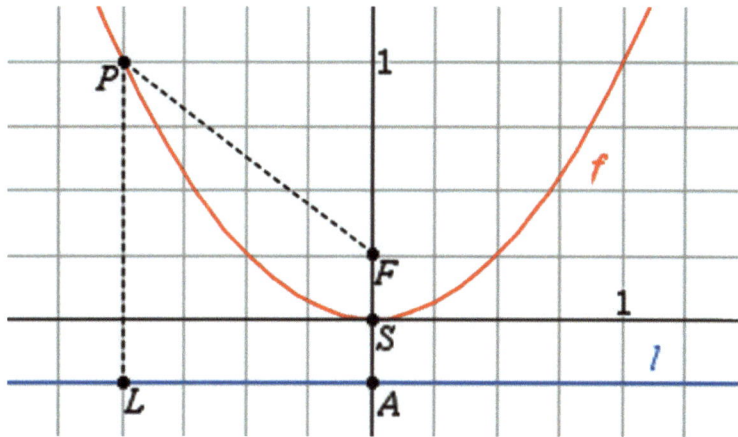

Der Graph dieser Funktion heißt Normalparabel. Ich habe ihn hier in roter Farbe dargestellt.

In dieser Zeichnung siehst du zudem eine in blauer Farbe dargestellte Gerade. Einige Punkte habe ich besonders markiert.

Der Punkt F ist der Brennpunkt der Parabel. Der Punkt S ist der Scheitelpunkt der Parabel. Die blaue Gerade ist die Leitlinie l der Parabel. Der Punkt L ist der Lotfußpunkt des Punktes P auf l. Der Punkt A ist der Schnittpunkt der Leitlinie l mit der Parabelachse.

Welche Bedeutung hat der Brennpunkt F? Welche Bedeutung hat die Leitlinie l?

Der Brennpunkt F liegt auf der Parabelachse. Auch der Scheitelpunkt S liegt auf der Parabelachse.

Die Parabelachse verläuft senkrecht zur Leitlinie l. Die Parabelachse ist die Symmetrieachse der Parabel.

Betrachte nun bitte die Strecken AS und FS.

Sie haben die gleiche Länge.

Betrachte bitte auch die Strecken FP und LP.

Auch sie haben die gleiche Länge.

Der Scheitelpunkt S hat die Koordinaten S(0|0).

Der Brennpunkt F hat die Koordinaten F(0|0,25).

Die Leitlinie l besitzt die Geradengleichung y = - 0,25.

So können wir nun die Normalparabel definieren als die Menge aller Punkte $P(x|x^2)$ der Ebene, deren Abstand vom Brennpunkt F(0|0,25) jeweils ihrem Abstand von der Leitlinie l: y = - 0,25 entspricht.

Die Länge der Strecke FS beträgt FS = 0,25.

Aber wie kann man diesen Wert ermitteln? Und wie lässt sich die Lage des Brennpunkts F bestimmen?

Um diese Fragen beantworten zu können, betrachten wir noch einmal die Funktionsgleichung.

$$f: f(x) = y = x^2$$

Welcher Faktor a steht hier vor dem x^2?

Schüler beantworten diese Frage nicht selten so, dass sie eine 0 vor dem x^2 vermuten. *Denn da steht ja nix.* Aber es ist eine 1, die dort steht, denn $1x^2 = x^2$.

Sie wird nur in der Regel nicht hingeschrieben. Sie steht dort unsichtbar. Die 1 nennt man übrigens auch *neutrale Zahl der reellen Zahlen bezüglich der Multiplikation*, da die Multiplikation mit 1 nichts bewirkt. Die 1 verhält sich neutral.

Nun ist es so, dass sich die Länge der Strecke FS folgendermaßen berechnen lässt.

$$\textbf{FS} = \frac{1}{4a} = \frac{1}{4 \cdot 1} = \frac{1}{4} = 0{,}25$$

Diese kleine Formel $\textbf{FS} = \frac{1}{4a}$ ergibt sich nach Anwendung des Satzes von Pythagoras. Ich denke, dies sollte an dieser Stelle zunächst einmal als Hinweis genügen.

Wichtig ist nun, dass wir noch einmal festhalten, dass eben auch die Strecke AS [mit A(0|-0,25)] die Länge 0,25 hat. Denn genau dann gilt für alle Punkte $P(x|x^2)$:

$$FP = LP$$

Damit du nicht immerzu mehrere Seiten umblättern musst, zeichne ich dir hier noch einmal die Normalparabel, nun aber ohne Brennpunkt und Leitlinie.

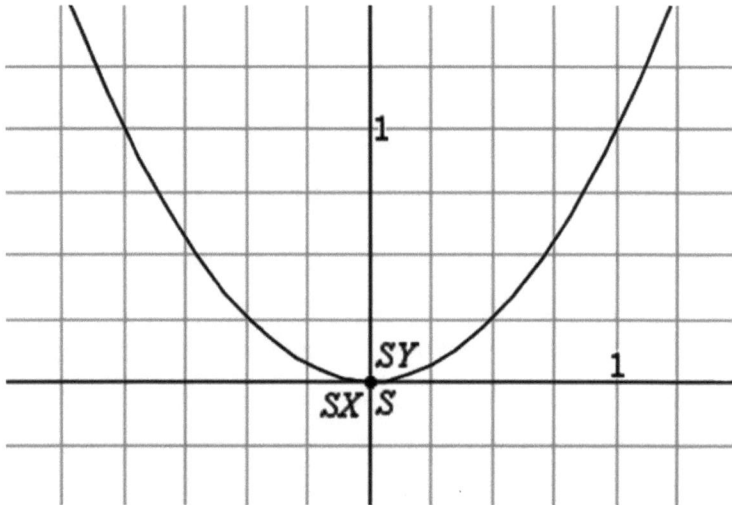

Bei (fast) jeder Funktion werden wir nach den besonders wichtigen Punkten fragen. Dem Brennpunkt. Dem Scheitelpunkt. Den Schnittpunkten mit den beiden Achsen.

Im Falle der Normalparabel ist die Antwort schnell gegeben. Der Scheitelpunkt $S(0|0)$ ist zugleich sowohl der Schnittpunkt $SY(0|0)$ mit der Ordinate (Y-Achse) als auch der Schnittpunkt $SX(0|0)$ mit der Abszisse (X-Achse). Denn:

$$f(0) = 0^2 = 0$$

Im Unterricht deiner Schule hast du vermutlich die unterschiedlichen Möglichkeiten kennengelernt, quadratische Funktionen als Gleichungen darzustellen. Wir unterscheiden die sogenannte *allgemeine Form* von der *Scheitelpunktform* und der *faktorisierten Form*.

Jede quadratische Funktion kann sowohl in der allgemeinen Form als auch in der Scheitelpunktform ausgedrückt werden. Der faktorisierten Form hingegen sind nur jene Funktionen zugänglich, die zumindest eine (reelle) Nullstelle besitzen.

Als Wiederholung und zur Erinnerung notiere ich hier die verschiedenen Formen.

$$y = ax^2 + bx + c \text{ (allgemeine Form)}$$

$$y = a(x - d)^2 + e \text{ (Scheitelpunktform)}$$

$$y = a(x - x_1)(x - x_2) \text{ (faktorisierte Form)}$$

$$\text{mit } SY(0|c), S(d|e), SX_1(x_1|0), SX_2(x_2|0)$$

Wie lässt sich nun die Funktionsgleichung der Normalparabel in diesen Formen ausdrücken?

$$y = x^2 = 1x^2 + 0x + 0 \text{ (allgemeine Form)}$$

$$y = x^2 = 1(x - 0)^2 + 0 \text{ (Scheitelpunktform)}$$

$$y = x^2 = 1(x - 0)(x - 0) \text{ (faktorisierte Form)}$$

$$\text{mit } SY(0|0), S(0|0), SX_1(0|0), SX_2(0|0)$$

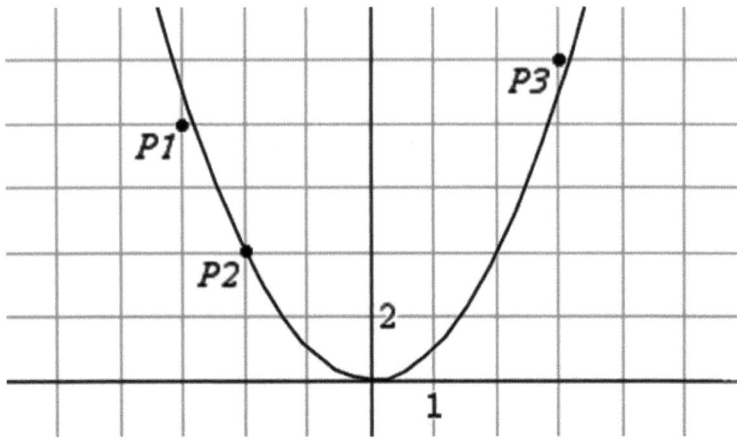

f: f(x) = y = x²

Lass uns ein wenig rechnen. Ich beginne mit der sogenannten Punktprobe. 3 Punkte gebe ich vor, die ich hier in der Abbildung auch eingezeichnet habe. Und wir überprüfen rechnerisch, ob diese Punkte auf dem Graphen der Normalparabel liegen oder nicht.

$P_1(-3|8) \Rightarrow f(-3) = (-3)^2 = 9 \neq 8 \Rightarrow P_1 \notin Graph(f)$

$P_2(-2|4) \Rightarrow f(-2) = (-2)^2 = 4 = 4 \Rightarrow P_2 \in Graph(f)$

$P_3(3|10) \Rightarrow f(3) = 3^2 = 9 \neq 10 \Rightarrow P_3 \notin Graph(f)$

Die Punkte $P_1(-3|8)$ und $P_3(3|10)$ liegen nicht auf dem Graphen der Normalparabel, denn es ergab sich ein Widerspruch. Der Punkt $P_2(-2|4)$ hingegen liegt auf dem Graphen der Normalparabel.

Es folgen einige weitere Berechnungen.

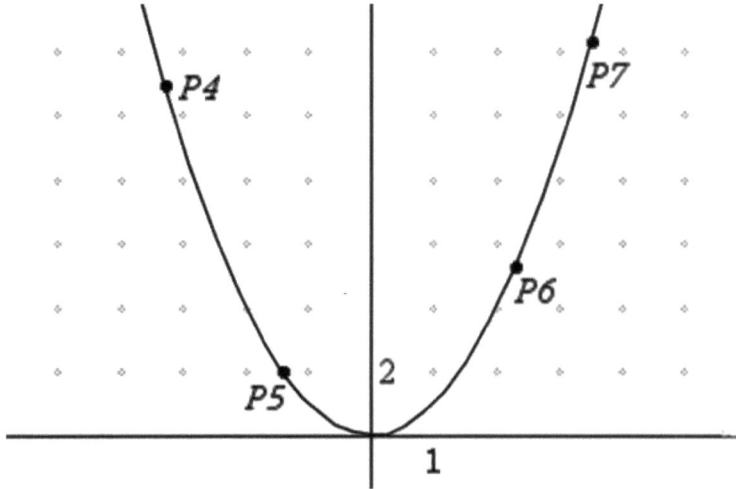

Nun gebe ich 4 weitere Punkte vor, von denen aber zunächst nur eine der beiden Koordinaten bekannt ist. Wir berechnen jeweils die andere Koordinate.

$P_4(-3,3|\ ) \Rightarrow f(-3,3) = (-3,3)^2 = 10,89 \Rightarrow P_4(-3,3|10,89)$

$P_5(-\ |1,96) \Rightarrow x = -\sqrt{1,96} = -1,4 \Rightarrow P_5(-1,4|1,96)$

$P_6(2,3|\ ) \Rightarrow f(2,3) = 2,3^2 = 5,29 \Rightarrow P_6(2,3|5,29)$

$P_7(+\ |12,25) \Rightarrow x = +\sqrt{12,25} = +3,5 \Rightarrow P_7(+3,5|12,25)$

Bei den Punkten $P_5(-1,4|1,96)$ und $P_7(+3,5|12,25)$ habe ich das Vorzeichen der Argumente vorgegeben. Ansonsten wären die Rechnungen nicht eindeutig gewesen. Denn es gilt ja stets $x^2 = (-x)^2$.

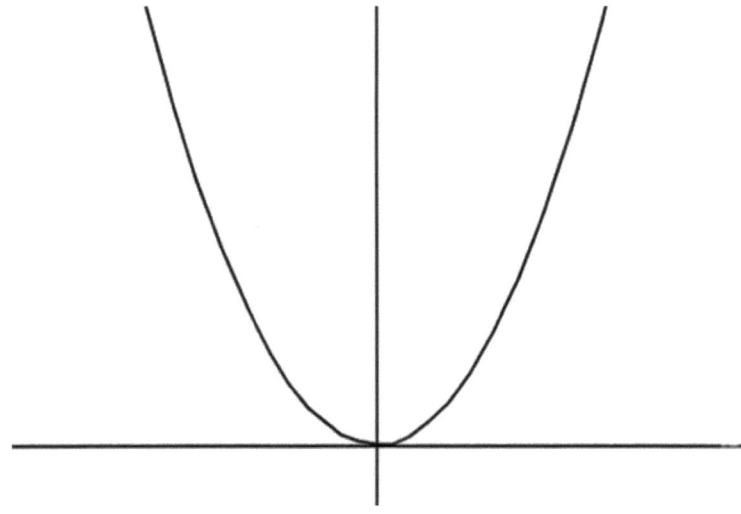

$$f\colon f(x) = y = x^2$$

Was können wir über den Verlauf der Normalparabel aussagen? Zunächst fällt mir auf, dass der Scheitelpunkt der tiefste aller Punkte des Graphen ist. Beide Äste des Graphen verlaufen, vom Scheitelpunkt aus gesehen, nach oben. Sie *streben gegen plus unendlich*.

$$x \to \pm\infty \Rightarrow y \to +\infty$$

Von links nach rechts betrachtet fällt der Graph streng monoton bis zum Scheitelpunkt. Ab dem Scheitelpunkt steigt der Graph streng monoton an. Der Graph ist überall *linksgekrümmt*. Er beschreibt eine Linkskurve. Fahre von links nach rechts den Graphen entlang. Du lenkst stets, mehr oder weniger, nach links.

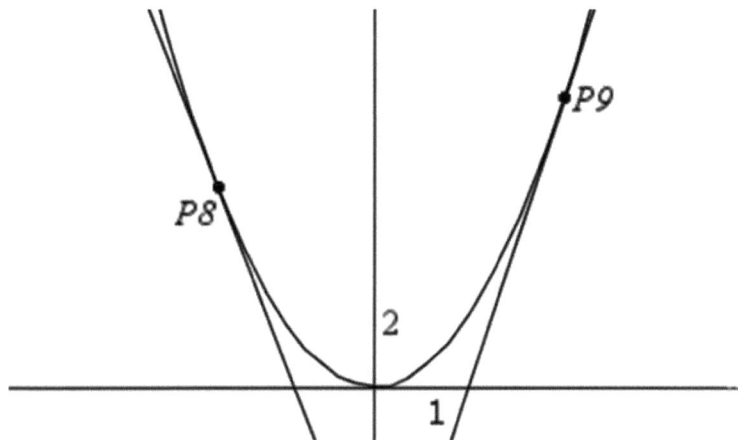

In dieser Abbildung habe ich die Punkte $P_8(-2,5|6,25)$ und $P_9(3|9)$ eingezeichnet. Beide Punkte liegen auf der Normalparabel.

Nun möchte ich wissen, wie groß die Steigung des Graphen der Normalparabel in diesen Punkten ist. Die Steigungen in diesen Punkten entsprechen den Steigungen der eingezeichneten Tangenten. Wir berechnen diese Steigungen mit der sogenannten 1. Ableitungsfunktion f' (f Strich) von f.

$$f: f(x) = y = x^2 \Rightarrow f': f'(x) = y' = 2x$$

$$\Rightarrow f'(-2,5) = 2 \cdot (-2,5) = -5 \text{ und } f'(3) = 2 \cdot 3 = 6$$

Die Normalparabel hat im Punkt $P_8(-2,5|6,25)$ also die negative Steigung -5. Im Punkt $P_9(3|9)$ hat sie die positive Steigung 6.

Wir hatten gesagt, dass der Graph der Normalparabel überall eine Linkskurve beschreibt. Diese Tatsache können wir rechnerisch bestätigen. Hierzu bilden wir die 2. Ableitungsfunktion f" (f 2Strich) von f. Diese ist wiederum die Ableitungsfunktion der 1. Ableitungsfunktion von f.

$$f': f'(x) = y' = 2x \Rightarrow f'': f''(x) = y'' = 2$$

Die 2. Ableitungsfunktion f" von f ist konstant 2, insbesondere also konstant positiv. Dies bedeutet, dass die Normalparabel über ihrem gesamten Definitionsbereich, den reellen Zahlen, eine Linkskrümmung hat. Dies wiederum bedeutet, dass die Steigung des Graphen, von links nach rechts betrachtet, stets zunimmt.

Wir sind am Ende dieses 1. Kapitels angekommen. Je nachdem, welches Vorwissen du mitgebracht hast, waren die Dinge, über die wir hier gesprochen haben, für dich entweder neu oder aber alte Hüte. Wie auch immer, ich wollte zumindest schon einmal einige wesentliche Begriffe angesprochen haben. Natürlich werden wir diese und weitere Inhalte im Verlauf des Buches noch gründlicher durchnehmen.

Funktion II

Die Funktion, die wir in diesem Kapitel untersuchen werden, lautet f: $f(x) = y = (x - 3)^2 + 2$.

Die Gestalt dieser Funktion entspricht der Scheitelpunktform einer quadratischen Funktion.

$$f: f(x) = y = (x - d)^2 + e$$
$$f: f(x) = y = (x - 3)^2 + 2$$

Es gilt also (in Hinblick auf f) d = 3 und e = 2.

Eigentlich setze ich es als bekannt voraus, dass wir damit den Scheitelpunkt S(3|2) der Funktion f kennen.

Aber wie können wir diese Tatsache begründen?

Wie wirkt es sich aus, wenn wir von x zunächst d = 3 subtrahieren, dann erst diese Differenz quadrieren?

Und was bewirkt die anschließende Addition von e = 2?

Nun, um diese Fragen beantworten zu können, entwickeln wir unsere Funktion f in zwei Schritten aus der Funktion der Normalparabel.

Der erste Schritt ist die Subtraktion von d = 3 von x.

$$y = x^2$$
$$\Rightarrow y = (x - 3)^2$$

Die Wirkung dieser Subtraktion verdeutlichen wir uns, indem wir einmal zum Beispiel den ursprünglichen Funktionswert der Normalparabel an der Stelle x = 5 in den Blick nehmen.

$$y = x^2 = 5^2 = 25$$

Die Normalparabel hatte (und hat noch immer) an der Stelle x = 5 den Funktionswert y = 25.

Nun frage ich, welchen Wert muss ich in der Funktion $y = (x - 3)^2$ für x einsetzen, um wieder genau diese Rechnung, nämlich $5^2 = 25$ zu erhalten?

$$\Rightarrow y = (x - 3)^2 = 5^2 = 25$$

Es muss also gelten: $x - 3 = 5 \Rightarrow x = 8$

Mit x = 8 erhalten wir $Y = (8 - 3)^2 = 5^2 = 25$.

Langer Rede kurzer Sinn: An der Stelle x = 8 erhalten wir nun jenen Funktionswert, den wir bei der Normalparabel an der Stelle x = 5 erhielten. Folglich wurde dieser Punkt des Graphen der Normalparabel, der Punkt (5|25), um 3 Einheiten nach rechts verschoben. Er wurde zum Punkt (8|25).

Nun war jener Punkt (5|25) aber ganz beliebig gewählt. Alle anderen Punkte würde genau dasselbe Schicksal ereilen. Alle Punkte würden um genau 3 Einheiten nach rechts verschoben. Und das werden sie tatsächlich.

Somit wurde also die Normalparabel **um 3 Einheiten nach rechts** verschoben, dadurch, dass wir d = 3 von x subtrahierten, anschließend erst die Differenz dann quadrierten.

Puh, nachdem wir dies lang und breit erklärt haben, bleibt zu zeigen, was jene Addition von e = 2 bewirkt.

$$y = (x - 3)^2$$
$$\Rightarrow y = (x - 3)^2 + 2$$

Aber ich denke, dies können wir abkürzen, denn es ist klar oder es sollte klar sein, dass durch diese Addition sämtliche Funktionswerte eben um den Wert 2 größer werden. Somit ergibt sich durch diese Addition eine Verschiebung des Graphen **um 2 Einheiten nach oben**.

Ich widerstehe gerade dem Impuls, den Graphen der Funktion f nun per Computer hier einzuzeichnen. Es wäre vielleicht besser, wenn wir diese Zeichnung zunächst weiter vorbereiten, indem wir einige Funktionswerte berechnen, auf herkömmliche Weise eine Wertetabelle anlegen, die gefundenen Punkte dann in ein Koordinatensystem eintragen und schließlich den Graphen mit Parabelschablone, falls vorhanden, durch diese Punkte hindurchzeichnen. Soweit der Plan, also dann, ran ans Werk.

$$f: f(x) = y = (x - 3)^2 + 2$$

Wir erhalten zum Beispiel an der Stelle x = -5 den Funktionswert $f(-5) = (-5 - 3)^2 + 2 = (-8)^2 + 2 = 66$.

Auf diese Weise berechnen wir die Koordinaten mehrerer Punkte und tragen diese in eine Tabelle ein.

x	-1	0	1	2	3	4	5	6	7
y	18	11	6	3	2	3	6	11	18

Die Symmetrie der Argumente x und der Funktionswerte y um den Scheitelpunkt $S(3|2)$ ist hier gut erkennbar. Wenn du zum Zeichnen eine Parabelschablone verwendest, orientierst du dich in erster Linie am Scheitelpunkt. Ansonsten zeichnest du einfach freihändig durch die berechneten Punkte hindurch. Ich zeichne jetzt auch, aber mit dem Computer.

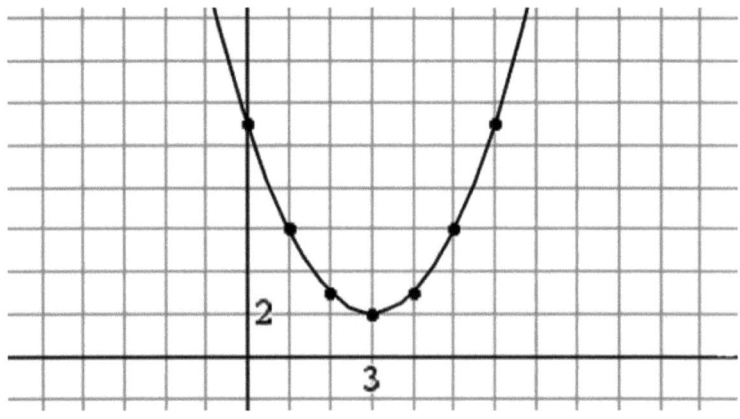

$$f\colon f(x) = y = (x - 3)^2 + 2$$

Wir haben den Graphen der verschobenen Normal-parabel vor Augen und können wieder einiges über dessen Verlauf aussagen.

Der Schnittpunkt $SY(0|11)$ mit der Ordinate war bereits in der Wertetabelle enthalten. Schnittpunkte mit der Abszisse gibt es keine. Denn der Scheitelpunkt $S(3|2)$ liegt oberhalb dieser Abszisse. Die Parabel aber ist nach wie vor nach oben geöffnet. Wir hatten ja die Normalparabel lediglich verschoben. Daher hat unsere Funktion also keine Nullstellen.

Der Graph der Funktion fällt streng monoton über dem Intervall $]-\infty\,;\,3\,]$ und er steigt streng monoton über dem Intervall $[\,3\,;\,\infty\,[$. Da wir den Graph nur ver-schoben haben, hat sich an der Linkskrümmung der Kurve nichts geändert.

Es ist klar, dass mit den Verschiebungen des Graphen nach rechts und nach oben, sich auch der Brennpunkt der Parabel und die Leitlinie der Parabel entsprechend verschoben haben.

Der Brennpunkt F hatte (hat) bei der Normalparabel die Koordinaten $F(0|0,25)$. Verschieben wir diesen 3 Einheiten nach rechts und 2 Einheiten nach oben, erhalten wir als neuen Brennpunkt $F(3|2,25)$.

Für die Leitlinie *l* notierten wir die Gleichung y = -0,25. Nun ändert die Verschiebung der Parabel um 3 Einheiten nach rechts natürlich nicht die Lage der Leitlinie *l*. Denn diese Gerade - als Parallele zur Abszisse - erstreckt sich ohnehin von -∞ bis ∞. Aber die Verschiebung der Parabel um 2 Einheiten nach oben verursacht auch eine Verschiebung dieser Geraden um 2 Einheiten nach oben. Folglich besitzt die neue Leitlinie *l* nun die Gleichung y = 1,75.

Diese Ergebnisse halte ich in einer Zeichnung fest.

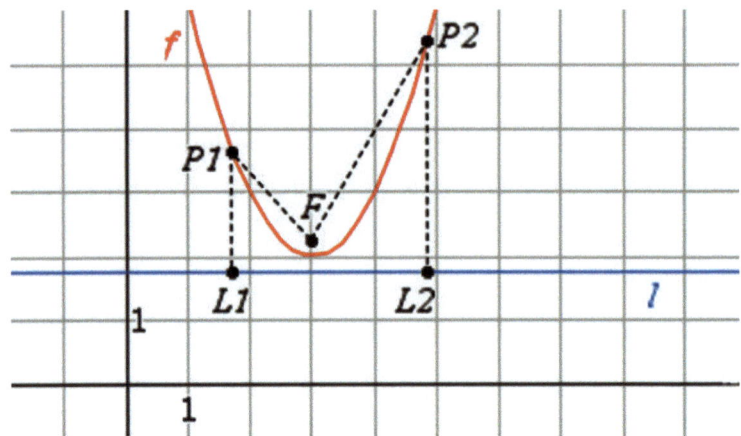

f: $f(x) = y = (x - 3)^2 + 2$ (Parabel)

l: y = 1,75 (Leitlinie)

$FP_1 = L_1P_1$ und $FP_2 = L_2P_2$

24

$$f: f(x) = y = (x - 3)^2 + 2$$

Die Funktion f, die wir in diesem Kapitel betrachten und behandeln, liegt in Scheitelpunktform vor. Da diese Parabel keine Nullstellen besitzt, können wir die Funktionsgleichung daher nicht in die faktorisierte Form bringen. Wohl aber können wir sie in die allgemeine Form umformen. Dies ist ja immer, bei jeder quadratischen Funktion, möglich. Dies möchte ich auf dieser Seite auch tun. Wir wenden dabei die 2. binomische Formel an. Denn wir haben eine Differenz, nämlich x – 3, und diese wird quadriert, also $(x - 3)^2$, diese Situation schreit ja geradezu nach der Anwendung dieser Formel.

$$y = (x - 3)^2 + 2$$

$$\Rightarrow y = x^2 - 2 \cdot 3 \cdot x + 3^2 + 2$$

$$\Rightarrow y = x^2 - 6x + 11$$

Der Parameter c der allgemeinen Form $y = ax^2 + bx + c$ ist hier also c = 11 und somit gilt $SY(0|11)$ in Übereinstimmung mit dem früheren Ergebnis f(0) = 11 in unserer Wertetabelle. Die Buchstabenkombination SY verwende ich stets für den Schnittpunkt mit der Ordinate (Y-Achse). Schnittpunkte mit der Abszisse (X-Achse) nenne ich meist SX oder SX_1 oder SX_2.

Wir können die Funktion f nun also so schreiben:

$$f: f(x) = y = x^2 - 6x + 11$$

Also, wohlgemerkt, das ist jetzt immer noch dieselbe Funktion wie vorhin, nur eben in anderer Gestalt.

Dies ist in etwa so, wie wenn eine Sportlerin im Sportverein einen Trainingsanzug trägt. Am Abend aber im Restaurant ein schickes Kleid. Der Mensch ist derselbe, aber die äußere Erscheinung weist einige Unterschiede auf.

Hier hat sich die Gleichung in ihrer Erscheinung, ihrer Form, geändert. Nicht verändert aber haben sich die Werte in der Wertetabelle. Somit ändert sich auch der Graph der Parabel nicht.

Ich würde nun gern die Ableitungen der Funktion f bilden. Im Unterricht werdet ihr diesen Begriff der Ableitung natürlich noch intensiver behandeln oder ihr habt dies schon getan. Aber die Vorgehensweise, wie man eine quadratische Funktion ableitet und was man mit den Ableitungen machen kann, dies möchte ich hier schon einmal erläutern oder auch in Erinnerung rufen.

$$f: f(x) = y = x^2 - 6x + 11$$

$$f': f'(x) = y' = 2x - 6$$

$$f'': f''(x) = y'' = 2$$

Wie habe ich diese Ableitungsfunktionen gebildet?

Ich habe die sogenannte Potenzregel angewendet!

Okay, dies muss ich kurz erläutern. Nehmen wir an, wir haben einen Ausdruck, eine Potenz der folgenden Art:

$$x^n$$

Die Variable x bildet die Basis der Potenz.

Der Exponent (die Hochzahl) ist eine natürliche Zahl.

Dann bildet man die Ableitung dieser Potenz so:

$$(x^n)' = n \cdot x^{n-1}$$

Für n = 2 und für n = 1 und für n = 0 folgt also:

$$(x^2)' = 2 \cdot x^1 = 2x$$

$$(x^1)' = 1 \cdot x^0 = 1 \cdot 1 = 1$$

$$(x^0)' = 0 \cdot x^{-1} = 0$$

Faktoren vor den Potenzen bleiben beim Ableiten erhalten. Zur Übung schreibe ich dir noch einige Ableitungen auf.

$$(4x^2)' = 4 \cdot 2 \cdot x^1 = 8x$$

$$(17x^1)' = 17 \cdot 1 \cdot x^0 = 17$$

$$13' = (13x^0)' = 13 \cdot 0 \cdot x^{-1} = 0$$

Anmerkung: $x^0 = 1 \Rightarrow 13 = 13x^0$

Eine Anwendung der Ableitungen besteht darin, Tiefpunkte und Hochpunkte eines Graphen aufzuspüren und nachzuweisen. Bei den quadratischen Funktionen ist dies relativ einfach. Wir wissen, dass diese immer entweder genau einen Tiefpunkt haben oder aber genau einen Hochpunkt. Und zwar ist der Scheitelpunkt der Parabel immer entweder der Tiefpunkt oder aber der Hochpunkt der Parabel. Der Scheitelpunkt ist stets ein sowohl lokaler (in der näheren Umgebung) als auch ein globaler (über der gesamten Definitionsmenge der reellen Zahlen) Extrempunkt.

Bei der Funktion f, die wir hier in diesem Kapitel betrachten, ist der Scheitelpunkt der Tiefpunkt des Graphen. Kein anderer Punkt des Graphen ist so tief, das heißt so weit unten, wie dieser Punkt.

Nehmen wir mal an, wir wüssten noch nicht, wo der Scheitelpunkt der Funktion f liegt. Dann wüssten wir aber dennoch eines ganz sicher. Nämlich dies, dass die Parabel in diesem Punkt **keine Steigung** aufweist, **weder eine positive noch eine negative.**

Nun ist aber günstigerweise die 1. Ableitungsfunktion f' quasi die Expertin für die Steigung der Funktion f. Also liefert der Ansatz $f'(x) = 2x - 6 = 0$ (Steigung 0) die Stelle $x = 3$ und mit $f(3) = 2$ somit den Tiefpunkt $T(3|2) = S(3|2)$ (Scheitelpunkt) der Parabel.

Funktion III

Ich kann mir Leser und Leserinnen dieses Buches denken, die bisher den Eindruck haben, dass ich hier nur solche Dinge schreibe, die sie ohnehin schon kennen und beherrschen, die dieses Buch demnächst ein wenig enttäuscht ins Regal stellen und nie mehr in die Hand nehmen werden. Ich kann mir aber auch Leser und Leserinnen denken, die schon jetzt frustriert sind und überlegen, dieses Buch bei nächstbester Gelegenheit aus dem Fenster zu feuern, da sie etliche Aussagen nicht verstehen.

Mein Anliegen besteht freilich darin, sowohl bereits vorhandene Kenntnisse der Leser und Leserinnen zu festigen und zu vertiefen als auch neue Gebiete zu erschließen. Daher wiederhole ich einerseits Stoffe und Inhalte das Thema dieses Buches betreffend (jener Klassenstufen am Ende der Sekundarstufe I). Andererseits führe ich bereits in die grundlegenden Inhalte der Analysis der gymnasialen Oberstufe ein. Die Reduzierung und Konkretisierung dieser neuen Inhalte auf ein bekanntes Thema der Sekundarstufe I und somit dessen Vertiefung machen dieses Buch besonders, vielleicht auch außergewöhnlich.

$$f: f(x) = y = (x + 2)(x - 4)$$

Dies ist die Funktion, die ich mit dir in diesem Kapitel untersuchen möchte. *Untersuchen* bedeutet eigentlich immer Kenntnisse über diese Funktion, ihren Graphen zu erarbeiten. Die Vorgehensweise unterscheidet sich dabei von derjenigen der vorherigen Kapitel, weil nun die Ausgangslage, die Situation wieder eine andere ist. Diesmal genügt die gegebene Funktionsgleichung der faktorisierten Form einer quadratischen Funktion.

$$y = a(x - x_1)(x - x_2)$$

$$y = (x + 2)(x - 4)$$

Wir können sofort festhalten:

$$a = 1 \text{ und } x_1 = -2 \text{ und } x_2 = 4$$

Dabei ist $x_1 = -2$ wegen $x + 2 = x - (-2)$.

Wir kennen also schon die Nullstellen der Funktion f und somit die beiden Schnittpunkte des Graphen mit der Abszisse.

$$SX_1(-2|0) \text{ und } SX_2(4|0)$$

Wieder handelt es sich um eine lediglich verschobene Normalparabel. Woran erkennen wir dies? An dem Parameter $a = 1$! Die hier vorliegende Parabel wurde also weder gestaucht noch gestreckt. Auch eine Spiegelung an der Abszisse ist nicht erfolgt.

$$f: f(x) = y = (x + 2)(x - 4)$$

Nehmen wir an, einer würde dich auffordern, den Scheitelpunkt (hier also den Tiefpunkt) dieser Parabel zu bestimmen. Wie würdest du vorgehen?

Möglichkeiten gibt es einige. Wir können den Funktionsterm ausmultiplizieren und so in die allgemeine Form bringen. Dann können wir ihn ableiten und anschließend die Ableitung *gleich 0 setzen*. Du erinnerst dich, im Tiefpunkt hat die Parabel weder eine positive noch eine negative Steigung. Mit diesem Ansatz finden wir die Stelle x des Scheitelpunktes.

Eine andere Möglichkeit ist die, dass wir die Symmetrie der Parabel ausnutzen. Wir kennen ja bereits die Nullstellen der Funktion. Und wir wissen ja, dass der Scheitelpunkt wegen der Achsensymmetrie der Parabel **immer** mittig zwischen diesen Nullstellen liegt.

Vielleicht beginnen wir mal mit dieser Methode. Jene Mitte zwischen den Nullstellen berechnen wir freilich mit dem arithmetischen Mittel dieser beiden Nullstellen -2 und 4.

$$\frac{x_1 + x_2}{2} = \frac{-2 + 4}{2} = \frac{2}{2} = 1$$

Die x-Koordinate des Scheitelpunktes ist also x = 1.

Das gleiche Ergebnis erzielen wir mit jener anderen Methode. Ich multipliziere also den Funktionsterm aus.

$$y = (x + 2)(x - 4)$$

$$\Rightarrow y = x^2 + 2x - 4x - 8$$

$$\Rightarrow y = x^2 - 2x - 8$$

Nun leite ich die Funktion in dieser Gestalt ab.

$$y = x^2 - 2x - 8$$

$$\Rightarrow y' = 2x - 2$$

Ja, genau, jetzt kommt das mit dem *gleich 0 setzen*.

$$2x - 2 = 0$$

$$\Rightarrow 2x = 2$$

$$\Rightarrow x = 1$$

Siehst du, genau das gleiche Ergebnis wie vorhin, wieder haben wir die x-Koordinate des Scheitelpunktes mit x = 1 ermittelt. Was bleibt zu tun? Genau, wir berechnen die y-Koordinate des Scheitelpunktes. Indem wir x = 1 in f einsetzen. Ich verwende vergleichend sowohl die faktorisierte als auch die allgemeine Form.

$$y = (x + 2)(x - 4) \Rightarrow y = (1 + 2)(1 - 4) = -9$$

$$y = x^2 - 2x - 8 \Rightarrow y = 1^2 - 2 \cdot 1 - 8 = -9$$

Somit haben wir den Scheitelpunkt S(1|-9) gefunden.

Damit wir nicht den Überblick verlieren, trage ich hier zunächst noch einmal zusammen, was wir bisher herausgefunden haben.

$$f: f(x) = y = (x + 2)(x - 4) \text{ (faktorisierte Form)}$$

$$f: f(x) = y = x^2 - 2x - 8 \text{ (allgemeine Form)}$$

$$SX_1(-2|0) \text{ und } S(1|-9) \text{ und } SX_2(4|0)$$

Wegen $a = 1$ und $S(1|-9)$ und $c = -8$ fügen wir hinzu:

$$f: f(x) = y = 1 \cdot (x - 1)^2 - 9 \text{ (Scheitelpunktform)}$$

$$SY(0|-8)$$

Wir hatten zudem festgehalten, dass der Graph dieser Funktion lediglich eine **verschobene Normalparabel** darstellt. Er wurde - wegen $S(1|-9)$ - um 1 Einheit nach rechts und um 9 Einheiten nach unten verschoben.

Der Graph fällt streng monoton über $] -\infty ; 1]$.

So gilt zum Beispiel $-3 < -1 \Rightarrow f(-3) > f(-1)$.

Werden die Argumente also **größer**, dann werden die Funktionswerte **kleiner** (über dem Intervall $] -\infty ; 1]$).

Der Graph steigt streng monoton über $[1 ; \infty [$.

So gilt zum Beispiel $2 < 4 \Rightarrow f(2) < f(4)$.

Werden die Argumente also **größer**, dann werden die Funktionswerte **größer** (über dem Intervall $[1 ; \infty [$).

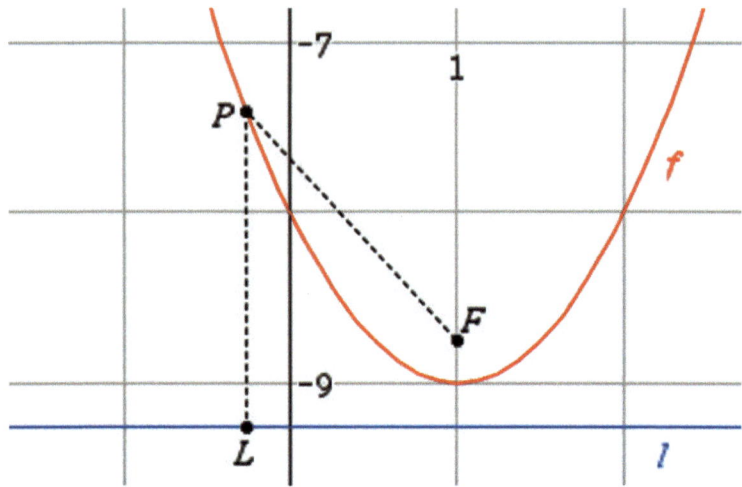

Du siehst hier nur einen Ausschnitt des Koordinatensystems. Die X-Achse ist nicht sichtbar.

f: f(x) = y = (x + 2)(x – 4) (Parabel)

l: y = -9,25 (Leitlinie)

F(1|-8,75) (Brennpunkt)

FP = LP

FP und LP bezeichnen hier wieder die gestrichelt eingezeichneten Streckenlängen. Der Punkt P auf der Parabel wurde zufällig gewählt.

Wir werden in diesem Buch gewisse Standardaufgaben immer und immer wieder wiederholen. Punktproben, Argumente berechnen, Funktionswerte berechnen, Scheitelpunkte und Schnittpunkte bestimmen, Parameterwerte ermitteln, Funktionsgleichungen umformen, Graphen auf Monotonie und Symmetrie untersuchen und manches mehr.

Daneben haben wir bereits Ableitungsfunktionen der quadratischen Funktionen kennengelernt und festgestellt, dass wir mit diesen Ableitungen Aussagen über Steigungen und Krümmungen der Parabeln treffen können. Die Ableitungsfunktionen der quadratischen Funktionen sind – vielleicht ist es dir aufgefallen – die linearen (aber nicht konstanten) Funktionen ($m \neq 0$).

Nun möchte ich mit dir einen neuen Begriff ansehen. Den der *Stammfunktion*. Bezogen auf die Thematik dieses Buches können wir sagen: **Quadratische Funktionen sind die Stammfunktionen der linearen (aber nicht konstanten) Funktionen.** Denn die linearen Funktionen (mit $m \neq 0$) sind die Ableitungsfunktionen der quadratischen Funktionen. Wenn wir also eine quadratische Funktion ableiten, erhalten wir als Ableitungsfunktion eine lineare Funktion (mit $m \neq 0$). Umgekehrt ist die quadratische Funktion eine Stammfunktion ihrer linearen Ableitungsfunktion.

Was ich damit meine, zeige ich dir anhand der Beispiel-funktion dieses Kapitels.

$$f: f(x) = y = x^2 - 2x - 8 \text{ (allgemeine Form)}$$

Die Beispielfunktion dieses Kapitels ist eine quadratische Funktion. Nun bilde ich die Ableitungsfunktion f' dieser Funktion f.

$$f': f'(x) = y' = 2x - 2$$

Die Ableitungsfunktion f' ist linear (mit $m \neq 0$).

Nun ist aber umgekehrt die quadratische Funktion f die oder besser **eine** Stammfunktion der linearen Funktion f'. Ich habe **eine** geschrieben, da es unendlich viele quadratische Stammfunktionen der linearen Funktion f' gibt. So ist zum Beispiel auch die Funktion g: $g(x) = y = x^2 - 2x + 5$ eine Stammfunktion der linearen Funktion f', denn $g'(x) = 2x - 2 = f'(x)$. Die Ableitungsfunktion g' der Funktion g stimmt mit der Ableitungsfunktion f' der Funktion f überein.

So besitzt also jede quadratische Funktion genau eine lineare Ableitungsfunktion. Umgekehrt aber besitzt jede lineare Funktion (mit $m \neq 0$) unendlich viele quadratische Stammfunktionen. Diese unterscheiden sich lediglich in verschiedenen Werten des Parameters c.

Mit den Stammfunktionen lassen sich beispielsweise Flächen zwischen Graphen und der X-Achse berechnen. Ich möchte dies am Beispiel der Funktion dieses Kapitels demonstrieren.

$$f: f(x) = y = x^2 - 2x - 8$$

$$f': f'(x) = y' = 2x - 2$$

Ich zeichne nun die Ableitungsfunktion f' in ein Koordinatensystem ein und markiere zwischen dem Graphen von f' und der X-Achse eine Fläche, deren Inhalt wir dann anschließend berechnen.

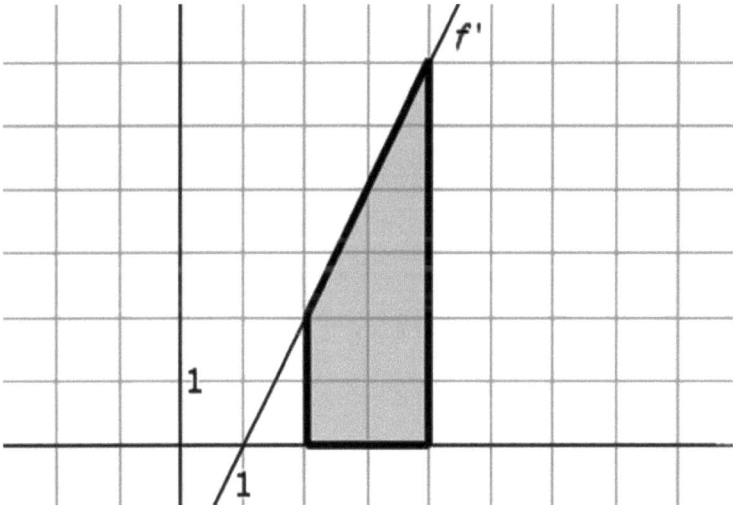

Unter dem Graphen von f' habe ich über dem Intervall [2 ; 4] eine trapezförmige Fläche markiert.

Diese trapezförmige Fläche können wir zunächst einmal mit der Flächenformel berechnen, die wir aus dem Bereich der Elementargeometrie kennen.

$$A = \frac{2+6}{2} \cdot 2 = 4 \cdot 2 = 8$$

Hierbei habe ich die Längen der beiden Parallelen des Trapezes addiert (2 + 6), diese Summe dann durch 2 dividiert und anschließend den Quotienten mit der Höhe 2 des Trapezes multipliziert. Der Flächeninhalt des Trapezes beträgt also 8 FE (Flächeneinheiten).

Nun gibt es aber häufig Flächen unterhalb von Graphen, die nicht mit Formeln der Elementargeometrie berechnet werden können. Dann verwendet man Stammfunktionen. Hier in diesem Beispiel heißt das, dass wir unsere Stammfunktion f nehmen und in diese zunächst die Grenzen jenes Intervalls einsetzen.

$$f: f(x) = y = x^2 - 2x - 8 \text{ und } [\,2\,;\,4\,]$$

$$f(4) = 4^2 - 2 \cdot 4 - 8 = 16 - 8 - 8 = 0$$

$$f(2) = 2^2 - 2 \cdot 2 - 8 = 4 - 4 - 8 = -8$$

Nun bilde ich die Differenz f(4) – f(2) = 0 – (-8) = 8 und erhalte auf diese Weise wieder den Flächeninhalt A = 8 FE des obigenTrapezes.

Funktion IV

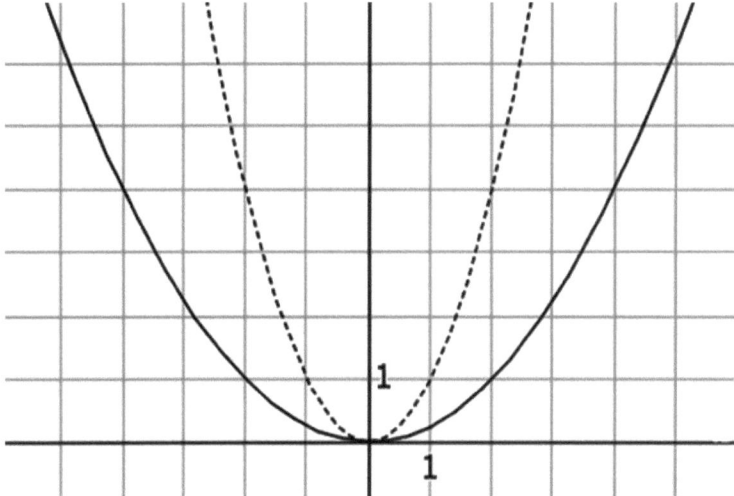

Hey, das sind ja diesmal *zwei* Parabeln. Ja, aber eigentlich geht es in diesem Kapitel nur um jene Parabel, die hier, ich sag mal, größer aussieht als die gestrichelt gezeichnete Normalparabel.

Boah, die ist ja breit, das ist doch nicht normal. Ja, ganz richtig, diese Parabel ist nicht normal. Sie ist die erste Parabel in diesem Buch, von der wir nicht mehr sagen können, sie sei eine Normalparabel.

Freilich habe ich diese Parabel nicht durch *Verschiebungen* der Normalparabel entstehen lassen.

Vielmehr hat sich nun die Form des Graphen grundlegend geändert. Die Parabel wirkt nun breiter, weiter. Wie ist denn dies geschehen? Und wie finden wir die passende Funktionsgleichung zu dieser Parabel?

Ich schlage vor, wir schauen uns die Graphen erst einmal in Ruhe an. Bei aller Unterschiedlichkeit haben die beiden ja auch einige Gemeinsamkeiten. So haben beide offenbar den Scheitelpunkt (Tiefpunkt) $S(0|0)$. Von dort ragen die Äste der beiden Graphen symmetrisch zur Y-Achse nach oben. Wobei diese Äste nach links und rechts jeweils immer steiler werden.

Der Unterschied mag insbesondere darin bestehen, dass die neue Parabel (in dieser Perspektive) nicht ganz so schnell wächst. Sie lässt sich mehr Zeit. Nur mal ein Vergleich: Die Normalparabel erreicht schon an den Stellen $x = -1$ und $x = 1$ die Höhe 1. Die neue Parabel hingegen, an welchen Stellen gelangt sie auf dieses Niveau? Richtig, erst an den Stellen $x = -2$ und $x = 2$. An diesen Stellen befindet sich die Normalparabel bereits in der schwindelerregenden Höhe 4.

Zur besseren Übersichtlichkeit lege ich uns eine Wertetabelle an. Die Funktionswerte der neuen Parabel entnehme ich so gut es geht der Zeichnung.

x	-4	-3	-2	-1	0	1	2	3	4
NP	16	9	4	1	0	1	4	9	16
P	4	2,3	1	0,3	0	0,3	1	2,3	4

Die Funktionswerte der Normalparabel (NP) habe ich berechnet. Die der anderen Parabel (P) am Graphen abgelesen. Mir fällt auf, dass die Werte der NP stets (etwa) das Vierfache der Werte der P betragen. Wenn das so ist, was bedeutet dies für die Funktionsgleichung der neuen Parabel?

Nun, die Werte der neuen Parabel betragen dann freilich stets ein Viertel der Werte der Normalparabel. Folglich müssen wir den bisherigen Funktionsterm x^2 mit $\frac{1}{4}$ = 0,25 multiplizieren. So erhalten wir also die Funktionsgleichung der neuen Parabel:

$$f: f(x) = y = 0,25x^2$$

Wenn ich eine solche Funktionsgleichung vor Augen habe, frage ich mich sogleich, wie sich diese in den verschiedenen Formen ausdrücken lässt. Wenn du dich erinnerst, die Normalparabel ließ sich sowohl in der allgemeinen Form als auch in der Scheitelpunktform und der faktorisierten Form ausdrücken. Gilt dies auch noch für diese neue Parabel? Die Antwort lautet: Ja!

Denn es hat sich nur der Wert des Parameters a geändert. Somit notiere ich die Funktionsgleichung der neuen Parabel ausführlich.

$$y = 0{,}25x^2 = 0{,}25x^2 + 0x + 0 \text{ (allgemeine Form)}$$

$$y = 0{,}25x^2 = 0{,}25(x - 0)^2 + 0 \text{ (Scheitelpunktform)}$$

$$y = 0{,}25x^2 = 0{,}25(x - 0)(x - 0) \text{ (faktorisierte Form)}$$

$$\text{mit } SY(0|0),\ S(0|0),\ SX_1(0|0),\ SX_2(0|0)$$

Der Wert des Parameters a hat sich geändert. Es gilt jetzt a = 0,25. Der Graph der Normalparabel wurde durch diese Änderung – wir sagen – *in Richtung der Ordinate (Y-Achse) gestaucht.* Die Gestalt der Parabel wurde breiter oder weiter. Durch die Multiplikation mit 0,25 < 1 wachsen die Funktionswerte langsamer.

(Es ist leicht einzusehen, dass die Funktionswerte genau dann schneller wachsen (im Vergleich mit der Normalparabel), wenn a > 1 gilt. Die Parabel wirkt dann enger. Wir sagen, der Graph der Parabel wurde in Richtung der Ordinate *gestreckt.* Aber dazu mehr in weiteren Kapiteln dieses Buches.)

Mit der Änderung der Gestalt der Parabel haben sich auch die Lage von Brennpunkt und Leitlinie verändert. Dies sehen wir uns jetzt an.

Erinnerst du dich noch an jene Formel, mit der wir den Abstand des Brennpunkts F vom Scheitelpunkt S berechnet haben? Für $0 < a$ gilt:

$$FS = \frac{1}{4a}$$

Mit $a = 0{,}25$ ergeben sich also der Abstand $FS = 1$ und somit $F(0|1)$. Damit ist auch der Abstand des Scheitelpunktes $S(0|0)$ von der Leitlinie l: $y = -1$ gleich 1.

Ich mache es nun so. Ich zeichne zunächst nochmal die Parabel, diesmal mitsamt Brennpunkt und Leitlinie. Zugleich wählen wir uns ganz zufällig irgendeinen Punkt P auf der Parabel und weisen nach, dass dieser tatsächlich vom Brennpunkt F – wie gefordert – den gleichen Abstand besitzt wie von der Leitlinie l.

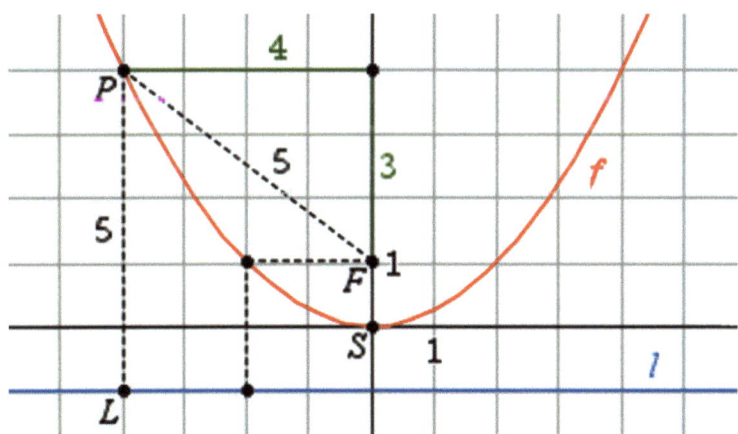

Es ist nun zu zeigen, dass $FP = LP$ gilt.

Wegen $S(0|0)$ und $FS = 1$ folgt $F(0|0 + 1) = F(0|1)$.

Nun habe ich den Parabelpunkt $P(-4|4)$ gewählt. Dieser ergibt sich aufgrund der folgenden Rechnung.

$$f(-4) = y = 0{,}25 \cdot (-4)^2 = 4$$

Da die Leitlinie l die Gleichung $y = -1$ besitzt, folgen für den Lotfußpunkt L die Koordinaten $L(-4|-1)$.

Die Länge $LP = 5$ ergibt sich sofort. Wie lang aber ist die Strecke FP? Die Berechnung dieser Streckenlänge habe ich in der Zeichnung durch ein rechtwinkliges Dreieck (grün) veranschaulicht. Mit dem Satz des Pythagoras ergibt sich $FP = 5$.

$$FP = \sqrt{3^2 + 4^2} = 5$$

Somit haben wir den Nachweis erbracht, dass $FP = LP$. In einem späteren Kapitel werden wir allgemeiner zeigen, wie man die Lage des Brennpunkts und der Leitlinie bestimmt und wir werden auch allgemeiner beweisen, dass die Bedingung $FP = LP$ tatsächlich für alle Punkte P der Parabel erfüllt ist.

Da ich für eine jede Funktion in diesem Buch genau 10 Seiten eingeplant habe, haben wir hier in diesem Kapitel nun noch genügend Platz, nach Herzenslust einige Untersuchungen und Berechnungen anzustellen.

Ich beginne mit einfachen Aufgaben. Nehmen wir den Punkt Q(240|14400) und prüfen, ob dieser auf der Parabel liegt. Dazu setze ich das Argument x = 240 in die Funktionsgleichung ein und rechne nach, ob wir den Funktionswert 14400 erhalten.

$$f(240) = 0{,}25 \cdot 240^2 = 0{,}25 \cdot 57600 = 14400$$

Ja, wir haben ihn erhalten und somit gilt $Q \in Graph(f)$.

Nun möchte ich gern wissen, an welcher Stelle x > 0 die Funktion f den Funktionswert y = 202500 annimmt. Daher setze ich diesen Wert in die entsprechende Variable in der Funktionsgleichung ein und löse diese nach x auf.

$$f(x) = y = 0{,}25x^2$$

$$\Rightarrow 202500 = 0{,}25x^2$$

Ich multipliziere die Gleichung mit 4.

$$\Rightarrow 810000 = x^2$$

Ich ziehe die Quadratwurzel.

$$\Rightarrow x = 900 > 0$$

Die Funktion f nimmt an der Stelle x = 900 den Funktionswert y = 202500 an.

Rechnungen dieser Art werden dir im Schulunterricht häufig begegnen, auch innerhalb von Sachaufgaben.

Die Parabel, die wir in diesem Kapitel untersuchen, ist über dem Intervall [0 ; ∞ [sicherlich streng monoton wachsend. Anschaulich bedeutet dies: Immer, wenn wir über diesem Intervall von einem Punkt des Graphen ein Stück **nach rechts** gehen, müssen wir anschließend stets ein Stück **nach oben** gehen, um wieder zu einem Punkt des Graphen zu gelangen.

Rechnerisch können wir dies folgendermaßen begründen. Gehen wir über dem Intervall [0 ; ∞ [nach rechts, so werden die Argumente x größer. Damit werden aber auch die Quadrate x^2 dieser Argumente und die Produkte $0{,}25x^2$ größer. Eben dies aber bedeutet die Bewegung nach oben.

$$0 \leq x_1 < x_2 \Rightarrow 0{,}25x_1^2 < 0{,}25x_2^2 \Rightarrow f(x_1) < f(x_2)$$

Ähnliche Überlegungen gelten für die strenge Monotonie der Parabel über dem Intervall] -∞ ; 0].

Auf den beiden restlichen Seiten dieses Kapitels möchte ich gern auf das Stichwort *Stammfunktionen* weiter eingehen. Bisher haben wir nur festgehalten, dass die quadratischen Funktionen die Stammfunktionen der linearen Funktionen (mit m ≠ 0) sind. Wie aber sehen die Stammfunktionen der quadratischen Funktionen aus? Und wie lauten konkret die Stammfunktionen unserer Funktion f in diesem Kapitel?

Bei der Beantwortung dieser Fragen lassen wir uns von dem Gedanken leiten, dass das Aufsuchen einer Stammfunktion gerade die Umkehrung der Ableitung einer Funktion darstellt.

Im Wesentlichen geht es hier um die Frage, was allgemein mit einer Potenz x^n geschieht, wenn diese – wir sagen – **auf**geleitet wird. Wir gehen nochmal aus von der Ableitung einer solchen Potenz.

$$(x^n)' = n \cdot x^{n-1}$$

Bei der Ableitung wird der Exponent n als Faktor vor die Potenz geschrieben. Zudem wird der Exponent der Potenz um 1 verringert. Bei der Aufleitung machen wir es daher nun umgekehrt. Wir erhöhen den Exponenten der Potenz um 1. Anschließend teilen wir die Potenz durch den um 1 erhöhten Exponenten.

$$x^n \Rightarrow \frac{1}{n+1} x^{n+1}$$

Wenden wir diese Regel auf unsere Funktion f an, erhalten wir eine Stammfunktion F dieser Funktion f:

$$f: f(x) = y = 0{,}25x^2$$

$$F: F(x) = Y = 0{,}25 \cdot \frac{1}{3} \cdot x^3 = \frac{1}{12} x^3$$

F ist also eine Stammfunktion der Funktion f. Es gilt:

$$F(x) = \frac{1}{12} x^3 \text{ mit } F'(x) = 3 \cdot \frac{1}{12} x^2 = 0{,}25x^2 = f(x)$$

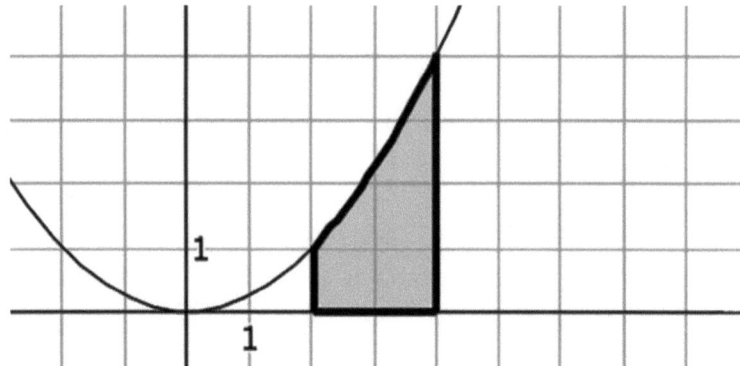

In dieser Abbildung habe ich eine Fläche unter dem Graphen der Funktion f über dem Intervall [2 ; 4] hervorgehoben. Wie groß ist der Flächeninhalt dieser Fläche? Nun hat diese Fläche in etwa die Form eines Trapezes. Daher berechne ich den Flächeninhalt zunächst näherungsweise mit der Trapezformel.

$$A = \frac{1+4}{2} \cdot 2 = 5 \text{ FE}$$

Da die Fläche aber teilweise durch eine krumme Linie begrenzt wird, ist dieser Wert freilich nicht exakt. Den genauen Wert erhalten wir mit dem sogenannten *Hauptsatz der Differential - und Integralrechnung.* Wir verwenden dabei die Stammfunktion $F(x) = \frac{1}{12} x^3$ und die Grenzen 2 und 4 des Intervalls [2 ; 4].

$$A = F(4) - F(2)$$

$$\Rightarrow A = \frac{1}{12} \cdot 4^3 - \frac{1}{12} \cdot 2^3 = \frac{64}{12} - \frac{8}{12} = \frac{56}{12} = \frac{14}{3} = 4,\overline{6} \text{ FE}$$

Funktion V

Für dieses Kapitel wähle ich eine quadratische Funktion in allgemeiner Form.

$$f: f(x) = y = 0,5x^2 + x - 4$$

Die Parameter a, b und c der allgemeinen Form haben also die Werte a = 0,5 und b = 1 und c = -4.

Was sagen uns diese Parameterwerte?

Der Parameterwert a = 0,5 ist positiv, aber kleiner 1. Der Graph der Parabel ist also nach oben geöffnet, der Scheitelpunkt ist der Tiefpunkt, die Äste der Parabel verlaufen nach oben. Der Graph ist in Richtung der Ordinate gestaucht, breiter als die Normalparabel.

Der Parameterwert c = -4 sagt uns, wo die Parabel die Ordinate schneidet, nämlich im Punkt $SY(0|-4)$.

Die Koordinaten des Scheitelpunktes aber kann ich der Funktionsgleichung nicht direkt entnehmen. Sicherlich hat diese Funktion Nullstellen, denn SY liegt unterhalb der Abszisse. Doch kennen wir diese Nullstellen noch nicht. Aber das haben wir gleich. Wir werden nun erst einmal mit der Methode der *quadratischen Ergänzung* den Funktionsterm der Funktion f in die Scheitelpunktform bringen. Dann sehen wir weiter.

$$f: f(x) = y = 0{,}5x^2 + x - 4$$

Wir klammern zunächst den Faktor 0,5 aus.

$$\Rightarrow y = 0{,}5(x^2 + 2x - 8)$$

Ich kann mir denken, was du dich jetzt fragst. *Woher kommt die 2 vor dem x und warum jetzt 8 statt 4?* Nun, wir haben ja die 0,5 ausgeklammert, vor die Klammer gezogen. Dadurch haben wir die 0,5 ein Stück weit von dem x^2 getrennt. Die beiden anderen Summanden des Terms, das x und die – 4, sind aber auch in die Klammer gewandert. Da die 0,5 als Faktor vor der Klammer aber für die gesamte Klammer gilt, mussten wir das x und die – 4 entsprechend anpassen. Es steht da eigentlich $0{,}5 \cdot 2x = x$ und $0{,}5 \cdot (-8) = -4$. Du siehst, es ist alles in Ordnung. Vielleicht wird es aber auch nochmal verständlicher, wenn ich es so schreibe:

$$y = 0{,}5x^2 + x - 4$$

$$\Rightarrow y = 0{,}5x^2 + 0{,}5 \cdot 2x + 0{,}5 \cdot (-8)$$

$$\Rightarrow y = 0{,}5(x^2 + 2x - 8)$$

Jetzt kommt die quadratische Ergänzung.

$$\Rightarrow y = 0{,}5(x^2 + 2x + 1^2 - 1^2 - 8)$$

Das war's schon. Das war die quadratische Ergänzung. Ich habe die 2 vor dem x halbiert, quadriert, addiert und subtrahiert.

$$y = 0{,}5(x^2 + 2x + 1^2 - 1^2 - 8)$$

Hä, was?

Also nochmal, ich habe die 2 vor dem x halbiert. Das ergibt ja wohl 1. Dann habe ich die 1 quadriert, aber noch nicht ausgerechnet. Dieses Quadrat, also 1^2, habe ich dann noch addiert und subtrahiert.

Auf diese Weise ist eigentlich nichts passiert, jedenfalls habe ich nichts verändert, die Funktion ist noch immer dieselbe.

Wozu dann das ganze Theater?

Nun, das siehst du gleich. Wir haben das nämlich genau so gemacht, wie wir es gemacht haben, damit wir im übernächsten Schritt die 1. binomische Formel anwenden können. Vorher füge ich eine weitere Klammer ein, die nicht unbedingt nötig ist, aber für etwas mehr Übersichtlichkeit sorgt.

$$\Rightarrow y = 0{,}5[(x^2 + 2x + 1^2) - 1^2 - 8]$$

Nun forme ich die Summe innerhalb der runden Klammer mit der 1. binomischen Formel um in ein Produkt und fasse $- 1^2 - 8$ zu -9 zusammen.

$$y = 0{,}5[(x + 1)^2 - 9]$$

Schließlich multipliziere ich die eckige Klammer aus.

$$y = 0{,}5(x + 1)^2 - 4{,}5$$

$$f: f(x) = y = 0{,}5(x + 1)^2 - 4{,}5$$

Ich muss dir nicht sagen, dass wir unser Zwischenziel erreicht und die Scheitelpunktform der Funktion f erarbeitet haben.

Die quadratische Ergänzung wird uns sicherlich noch einige Male begegnen. Also keine Bange, falls du gerade das Gefühl hast, diese noch nicht so wirklich verstanden zu haben.

Der Scheitelpunktform der Funktion f können wir nun locker und leicht den Scheitelpunkt entnehmen.

$$S(-1|-4{,}5)$$

Wir können uns kurz davon überzeugen, dass dieser Punkt S auf der Parabel liegt.

$$f(-1) = 0{,}5(-1 + 1)^2 - 4{,}5 = 0 - 4{,}5 = -4{,}5$$

Wir können uns zudem davon überzeugen, dass S der Tiefpunkt der Parabel ist. Dies ergibt sich sofort aus der Tatsache, dass für jedes andere x der Ausdruck $0{,}5(x + 1)^2$ positiv und somit größer als 0 ist. Damit gilt für alle $x \neq -1$, dass $f(x) > -4{,}5$ ist. Somit ist S der Scheitelpunkt und Tiefpunkt der Parabel.

Mir scheint, es wäre nun gut, nochmal die quadratische Ergänzung zu üben. Bei der Gelegenheit berechnen wir auch die Nullstellen der Funktion f.

Die Nullstellen der Funktion f könnten wir nun freilich berechnen, indem wir von der bereits gewonnenen Scheitelpunktform ausgehen. Aber ich setze nochmal die allgemeine Form der Funktion f an den Anfang.

Ach so, bevor ich es vergesse. Wissen wir nun eigentlich schon, dass die Funktion f Nullstellen besitzt? Ja, das wissen wir. Denn wir hatten festgestellt, dass die Parabel zu dieser Funktion wegen a > 0 nach oben geöffnet ist. Zudem haben wir nun gesehen, dass der Scheitelpunkt unterhalb der Abszisse liegt. Somit ist es klar, dass die Parabel 2 Nullstellen hat.

$$y = 0{,}5x^2 + x - 4$$

Da wir nun die Nullstellen suchen, setzen wir y = 0.

$$\Rightarrow 0 = 0{,}5x^2 + x - 4$$

Diesmal müssen wir die 0,5 nicht ausklammern, sondern wir teilen die Gleichung durch 0,5.

$$\rightarrow 0 = x^2 + 2x - 8$$

Es folgt die quadratische Ergänzung.

$$\Rightarrow 0 = x^2 + 2x + 1^2 - 1^2 - 8$$

Klammerung und Anwendung der 1. binomischen Formel.

$$\Rightarrow 0 = (x^2 + 2x + 1^2) - 9$$

$$\Rightarrow 0 = (x + 1)^2 - 9$$

$$0 = (x + 1)^2 - 9$$

Addition von 9.

$$\Rightarrow 9 = (x + 1)^2$$

Wir ziehen die Quadratwurzel.

$$\Rightarrow \pm 3 = x + 1$$

$$\Rightarrow x_1 = -4 \text{ und } x_2 = 2$$

Wir haben die beiden Nullstellen aufgespürt. Somit auch die Schnittpunkte der Parabel mit der X-Achse.

$$SX_1(-4|0) \text{ und } SX_2(2|0)$$

Nun kennen wir also den Scheitelpunkt der Parabel und ihre Schnittpunkte mit den beiden Achsen. Wenn wir noch eben den Brennpunkt berechnen und die Leitlinie bestimmen, können wir die Parabel zeichnen.

$$S(-1|-4,5) \text{ und } FS = \frac{1}{4a} = \frac{1}{4 \cdot 0,5} = \frac{1}{2} = 0,5$$

$$\Rightarrow F(-1|-4) \text{ und } l: y = -5$$

Erläuterung:

F und S müssen dieselbe x-Koordinate -1 haben. Da die Parabel nach oben geöffnet ist, liegt F oberhalb von S. Und da der Abstand FS der beiden Punkte 0,5 beträgt, rechne ich -4,5 + 0,5 und erhalte -4. Die Leitlinie aber liegt unterhalb von S im Abstand 0,5. Daher rechne ich -4,5 – 0,5 und erhalte -5.

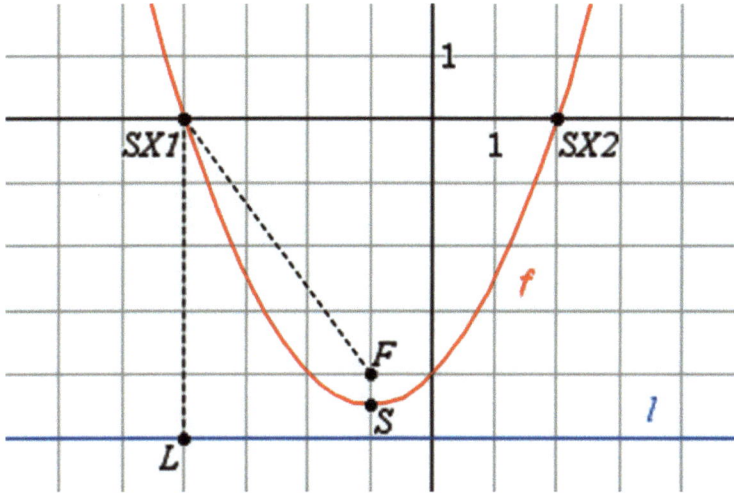

Wir sehen die Parabel der Funktion f (rot) mit ihrem Brennpunkt F und ihrer Leitlinie l (blau). Es gilt:

$$FSX_1 = LSX_1$$

In diese Zeichnung haben wir quasi all das eingebracht, was wir bisher über den Verlauf der Parabel dieses Kapitels herausgefunden haben.

Wir sehen, die Parabel schließt mit der X-Achse eine Fläche ein, die unterhalb dieser Achse liegt. Ich würde nun gern den Flächeninhalt dieser Fläche berechnen. Da sie – ganz grob – der Fläche eines Dreiecks ähnlich ist, schätze ich ihren Flächeninhalt mit etwa 15 FE ab. Genauer kriegen wir das mit einer Stammfunktion hin.

$$f\colon f(x) = y = 0{,}5x^2 + x - 4$$

Wir finden eine Stammfunktion der Funktion f, indem wir f aufleiten. Stammfunktionen werden meist mit großen Buchstaben bezeichnet. Ich wähle daher den Buchstaben F. Bevor ich die Stammfunktion aufschreibe, notiere ich die Funktion f zunächst noch einmal ein wenig ausführlicher, damit du meine Vorgehensweise besser nachvollziehen kannst.

$$f\colon f(x) = y = 0{,}5x^2 + x - 4$$

$$\Rightarrow f\colon f(x) = y = 0{,}5x^2 + 1x^1 - 4x^0$$

$$\Rightarrow F\colon F(x) = Y = 0{,}5 \cdot \frac{1}{3}x^3 + 1 \cdot \frac{1}{2}x^2 - 4 \cdot \frac{1}{1}x^1$$

$$\Rightarrow F\colon F(x) = Y = \frac{1}{6}x^3 + \frac{1}{2}x^2 - 4x$$

Entscheidend hierbei war wieder die Erhöhung der Exponenten jeweils um 1 und die Bildung der zusätzlichen Faktoren vor den Potenzen.

So wurde aus $0{,}5x^2$ der Ausdruck $0{,}5 \cdot \frac{1}{3}x^3$.

Und aus $1x^1$ der Ausdruck $1 \cdot \frac{1}{2}x^2$.

Und aus $-4x^0$ der Ausdruck $-4 \cdot \frac{1}{1}x^1$.

Die Nenner in den Stammbrüchen entsprechen dabei immer den neuen Exponenten. Die jeweiligen Koeffizienten 0,5 und 1 und -4 blieben als Faktoren erhalten.

Nun verwende ich für die Berechnung des Flächeninhalts A die Stammfunktion F und die Grenzen des Intervalls [-4 ; 2]. Diese Grenzen ergeben sich schlicht aus der Tatsache, dass eben diese Werte die Nullstellen der Parabel sind.

$$A = F(-4) - F(2)$$

Nach dem Hauptsatz der Differential – und Integralrechnung setzen wir die Grenzen des Intervalls in die Stammfunktion ein und subtrahieren dann die berechneten Werte. Vielleicht ist dir aufgefallen, dass ich bisher immer zuerst die obere Grenze einsetzte und danach die untere Grenze. Nun aber mache ich es umgekehrt. Dies mache ich nicht ohne Grund. Denn bisher haben wir stets Flächen berechnet, die **oberhalb** der X-Achse lagen. Nun aber liegt die zu berechnende Fläche **unterhalb** dieser Achse. Daher ändert sich die Reihenfolge. Ich setze also zunächst die untere Grenze -4 in die Stammfunktion ein und danach die obere Grenze 2. Dann wird subtrahiert.

$$A = F(-4) - F(2)$$

$$A = \frac{1}{6} \cdot (-4)^3 + \frac{1}{2} \cdot (-4)^2 - 4 \cdot (-4) - (\frac{1}{6} \cdot 2^3 + \frac{1}{2} \cdot 2^2 - 4 \cdot 2)$$

$$\Rightarrow A = -\frac{64}{6} + \frac{16}{2} + 16 - (\frac{8}{6} + \frac{4}{2} - 8)$$

$$\Rightarrow A = 18 \text{ FE}$$

Ich hatte bereits darauf hingewiesen, dass die Ableitungsfunktionen der quadratischen Funktionen eindeutig bestimmt sind. So hat etwa die Funktion f dieses Kapitels die folgende Ableitungsfunktion f':

$$f: f(x) = y = 0{,}5x^2 + x - 4$$

$$\Rightarrow f: f(x) = y = 0{,}5x^2 + 1x^1 - 4x^0$$

$$\Rightarrow f': f'(x) = y' = 0{,}5 \cdot 2x^1 + 1 \cdot 1x^0 - 4 \cdot 0x^{-1}$$

$$\Rightarrow f': f'(x) = y' = x + 1$$

Mit den Stammfunktionen verhält es sich aber anders. Diese sind nicht eindeutig bestimmt. So hatten wir bisher **eine** Stammfunktion F ermittelt.

$$F: F(x) = Y = \frac{1}{6}x^3 + \frac{1}{2}x^2 - 4x$$

Nun haben wir aber die Möglichkeit, weitere Stammfunktionen zu bilden, indem wir der bereits gefundenen Funktion F eine konstante Zahl additiv hinzufügen. So bilde ich zum Beispiel die Stammfunktion F_3, indem ich die Zahl 3 addiere.

$$F_3: F_3(x) = Y = \frac{1}{6}x^3 + \frac{1}{2}x^2 - 4x + 3$$

Warum ist F_3 auch wieder eine Stammfunktion von f?

Einfach deswegen, weil $F_3' = f$ gilt. Dies liegt daran, weil die Konstante 3 beim Ableiten verschwindet.

$$F_3'(x) = Y' = 0{,}5x^2 + x - 4 = y = f(x)$$

Funktion VI

Im letzten Kapitel hatte ich eine quadratische Funktion in allgemeiner Form vorgegeben. Im Verlauf der Untersuchung hatten wir auch die Nullstellen der Funktion berechnet. Nun ist es freilich so, dass Mathematiker nicht so gern immer und immer wieder die gleichen, nicht selten aufwendigen Rechnungen durchführen. Stattdessen suchen sie nach kompakten Formeln, Regeln, Verfahren, die es ihnen erlauben, die anstehenden Rechnungen abzukürzen.

So verhält es sich auch mit der Berechnung der Nullstellen, wenn eine quadratische Funktion in allgemeiner Form gegeben ist. Für diesen Fall und für diese Aufgabenstellung haben Mathematiker die sogenannte p-q-Formel entwickelt. Diese Formel möchte ich nun mit dir herleiten. Wir gehen aus von der allgemeinen Form einer quadratischen Funktion.

$$y = ax^2 + bx + c$$

Hey, da sind ja gar keine Zahlen. Ja, genau, eben darauf kommt es jetzt an. Wir wollen ganz allgemein die Nullstellen dieser Funktion bestimmen. Daher setzen wir nun $y = 0$.

$$0 = ax^2 + bx + c$$

Diese Gleichung müssen wir nach x auflösen. Es geht also darum, herauszufinden, wie das x beschaffen sein muss, damit die Gleichung *aufgeht*, also eine wahre Aussage ergibt. Wir können die Gleichung vereinfachen, indem wir durch den Parameter a teilen.

$$\Rightarrow 0 = x^2 + \frac{b}{a}x + \frac{c}{a}$$

Nun haben wir vor x^2 eine 1 stehen, haben diese aber nicht hingeschrieben, weil es nicht nötig ist. Der Funktionsterm hat sich nun geändert. In dieser Gestalt des Funktionsterms sprechen wir auch von der Normalform einer quadratischen Funktion. Jede quadratische Funktion in Normalform stellt eine (verschobene) Normalparabel dar. Umgekehrt kann jede (verschobene) Normalparabel durch eine Funktionsgleichung in Normalform ausgedrückt werden.

Speziell für diese Normalform haben sich Mathematiker neue Parameter ausgedacht. Für den Bruch $\frac{b}{a}$ vor dem x schreiben sie ein p und anstelle des Bruches $\frac{c}{a}$ verwenden sie ein q. Mit diesen neuen Parametern lautet unsere Gleichung nun so:

$$0 = x^2 + px + q$$

$$0 = x^2 + px + q$$

Was machen wir nun? Jetzt kommt ein Schritt, den du schon kennengelernt hast. Wir vollziehen die quadratische Ergänzung. Das ist diesmal einfacher als bisher, weil vor x^2 ja eine 1 steht. Daher müssen wir zuvor keine Zahl ausklammern, sondern können sogleich loslegen.

$$\Rightarrow 0 = x^2 + px + \left(\frac{p}{2}\right)^2 - \left(\frac{p}{2}\right)^2 + q$$

Wir addieren und subtrahieren also $\left(\frac{p}{2}\right)^2$. Wir machen dies aber deswegen, damit wir nun die 1. binomische Formel auf den vorderen Teil $x^2 + px + \left(\frac{p}{2}\right)^2$ anwenden können.

$$\Rightarrow 0 = (x + \frac{p}{2})^2 - \left(\frac{p}{2}\right)^2 + q$$

Kann mir mal jemand erklären, was wir hier gerade machen? Doch, das kann ich. Wir formen einen Term um. Wir wenden die Methode der quadratischen Ergänzung an und benutzen die 1. binomische Formel. Das machen wir deshalb so, weil wir nun auf diese Weise die Variable x erstmalig nur noch **einmal**, innerhalb der Klammer, stehen haben. Dadurch haben wir jetzt die Möglichkeit, die Gleichung nach diesem **einen** x aufzulösen. Ich addiere $\left(\frac{p}{2}\right)^2$ und subtrahiere q.

$$\Rightarrow \left(\frac{p}{2}\right)^2 - q = (x + \frac{p}{2})^2$$

Jetzt machen wir uns daran, das x aus der Umklammerung zu befreien. Wir ziehen die Quadratwurzel.

$$\Rightarrow \pm\sqrt{\left(\frac{p}{2}\right)^2 - q} = x + \frac{p}{2}$$

Hey, warum steht denn da $\pm$ vor der Wurzel?

Gute Frage. Ich antworte so: Der Ausdruck $(x + \frac{p}{2})^2$ oben rechts ist sicherlich positiv, jedenfalls nicht negativ. (Dies bedeutet, eine quadratische Funktion hat Nullstellen nur unter der Voraussetzung, dass der Term auf der anderen Seite, nämlich $\left(\frac{p}{2}\right)^2 - q$ ebenfalls nicht negativ ist. Diesen Term $\left(\frac{p}{2}\right)^2 - q$ nennen Mathematiker übrigens *Diskriminante*. Wenn diese Diskriminante nicht negativ ist, dann und nur dann hat die quadratische Funktion Nullstellen. Denn nur dann können wir aus dieser Diskriminante die Quadratwurzel ziehen. Diese Quadratwurzel ist dann per Definition nicht negativ.) **Aber der Term x + $\frac{p}{2}$ kann durchaus negativ sein.** Deswegen wird diese Möglichkeit dadurch berücksichtigt, dass vor die Wurzel nicht nur ein +, sondern eben auch ein – (als zweite Möglichkeit) gesetzt wird. Nun subtrahiere ich $\frac{p}{2}$.

$$\Rightarrow -\frac{p}{2} \pm \sqrt{\left(\frac{p}{2}\right)^2 - q} = x$$

Nun sind wir fast fertig. Nach meiner Gewohnheit notiere ich jetzt das x auf der linken Seite.

$$\Rightarrow x = -\frac{p}{2} \pm \sqrt{\left(\frac{p}{2}\right)^2 - q}$$

Da wir vor der Wurzel zwei mögliche Vorzeichen stehen haben, notiere ich nun die beiden möglichen Nullstellen getrennt voneinander als x_1 und x_2.

$$x_1 = -\frac{p}{2} + \sqrt{\left(\frac{p}{2}\right)^2 - q}$$

$$x_2 = -\frac{p}{2} - \sqrt{\left(\frac{p}{2}\right)^2 - q}$$

Mit der Diskriminante $D = \left(\frac{p}{2}\right)^2 - q$ schreiben wir:

$$x_1 = -\frac{p}{2} + \sqrt{D}$$

$$x_2 = -\frac{p}{2} - \sqrt{D}$$

Es geht sogar noch kürzer. Denn wegen der Symmetrie der Parabeln muss $-\frac{p}{2}$ gerade der x-Koordinate des Scheitelpunktes entsprechen. Diese x-Koordinate des Scheitelpunktes hatten wir aber in der Scheitelpunktform mit dem Buchstaben d bezeichnet.

$$\Rightarrow x_1 = d + \sqrt{D}$$

$$\Rightarrow x_2 = d - \sqrt{D}$$

Diese zuletzt notierten Gleichungen werde ich im nächsten Kapitel wieder aufgreifen. Hier in diesem Kapitel halten wir uns besser an die etwas weiter oben gefundenen Gleichungen.

Bevor wir diese auf die Beispielfunktion dieses Kapitels anwenden, möchte ich aber noch kurz folgendes festhalten.

Ich erwähnte die Diskriminante $D = \left(\frac{p}{2}\right)^2 - q$. Diese steht als Radikand unter der Wurzel. Wir können drei Fälle unterscheiden.

1. Fall: Die Diskriminante D ist negativ. Dann ist die Wurzel aus D (innerhalb der reellen Zahlen) nicht definiert. Die Parabel hat keine Nullstellen.

$$D < 0 \Rightarrow 0 \text{ Nullstellen}$$

2. Fall: Die Diskriminante D ist gleich 0. Dann ist die Wurzel aus D definiert und ebenfalls gleich 0. Die Parabel hat genau eine (doppelte) Nullstelle $x = -\frac{p}{2}$.

$$D = 0 \Rightarrow 1 \text{ Nullstelle}$$

3. Fall: Die Diskriminante D ist positiv. Dann hat die Parabel die beiden oben notierten Nullstellen x_1 und x_2.

$$D > 0 \Rightarrow 2 \text{ Nullstellen}$$

In diesem Kapitel haben wir noch keine Beispielfunktion eingeführt. Höchste Zeit also, dies nachzuholen.

$$f: f(x) = y = 3x^2 - 12x - 15$$

Diese quadratische Funktion liegt wieder in allgemeiner Form vor. In dieser Gestalt können wir zunächst nur den Schnittpunkt der Parabel mit der Y-Achse ablesen. Es ist der Punkt $SY(0|-15)$. Die Nullstellen können wir nicht ablesen, aber recht bequem mit der p-q-Formel berechnen.

$$x_{1,2} = -\frac{p}{2} \pm \sqrt{\left(\frac{p}{2}\right)^2 - q}$$

Aber Vorsicht, bevor wir diese Formel anwenden können, müssen wir den Funktionsterm in die Normalform bringen. Zunächst setzen wir y = 0.

$$0 = 3x^2 - 12x - 15$$

Nun dividieren wir durch den Parameter a = 3.

$$0 = x^2 - 4x - 5$$

Eines muss uns an dieser Stelle aber klar sein. Der Funktionsterm, den wir nun erhalten haben, unterscheidet sich nicht mehr nur in der Form von dem ursprünglichen Funktionsterm. Sondern wir haben es jetzt mit einer anderen Parabel zu tun.

Die Parabel mit der Gleichung $y = x^2 - 4x - 5$ unterscheidet sich von der ursprünglichen Parabel mit der Gleichung $y = 3x^2 - 12x - 15$. Diese ist in ihrem Verlauf enger als jene. Die beiden Parabeln unterscheiden sich aber nicht ganz und gar. Denn sie haben sowohl dieselben Nullstellen – falls vorhanden – als auch dieselbe x-Koordinate des Scheitelpunktes. Weil das so ist, können wir ruhig mit jener neuen Parabel weiterrechnen und erhalten automatisch die Nullstellen der ursprünglichen Parabel – falls sie überhaupt vorhanden sind.

$$0 = x^2 - 4x - 5$$

Jetzt geht alles ganz schnell. Wir stellen kurz fest, dass $p = -4$ und $q = -5$ gilt. Diese Werte brauchen wir nur noch in die Formel einzusetzen.

$$x_{1,2} = -\frac{p}{2} \pm \sqrt{\left(\frac{p}{2}\right)^2 - q}$$

$$\Rightarrow x_{1,2} = -\frac{-4}{2} \pm \sqrt{\left(\frac{-4}{2}\right)^2 - (-5)}$$

$$\Rightarrow x_{1,2} = 2 \pm \sqrt{4 + 5}$$

$$\Rightarrow x_1 = 2 - 3 \text{ und } x_2 = 2 + 3$$

$$\Rightarrow x_1 = -1 \text{ und } x_2 = 5$$

$$\Rightarrow SX_1(-1|0) \text{ und } SX_2(5|0)$$

Nun kennen wir die Schnittpunkte mit den beiden Achsen. Aber noch nicht den Scheitelpunkt.

Wir hatten gesehen, dass die x-Koordinate d des Scheitelpunktes S wegen der Symmetrie der Parabel gerade dem Bruch $-\frac{p}{2}$ entspricht. Der Parameter p aber entspricht dem Bruch $\frac{b}{a}$. Folglich gilt insgesamt:

$$d = -\frac{p}{2} = -\frac{b}{2a}$$

Mit dieser Gleichung können wir auch den Scheitelpunkt der Funktion f leicht bestimmen.

$$f: f(x) = y = 3x^2 - 12x - 15$$

$$\Rightarrow d = -\frac{b}{2a} = -\frac{-12}{2 \cdot 3} = 2$$

$$\Rightarrow e = f(d) = f(2) = 3 \cdot 2^2 - 12 \cdot 2 - 15 = -27$$

$$\Rightarrow S(2|-27)$$

Beachte bitte, dass wir für die Berechnung des Parameters e wieder den ursprünglichen Funktionsterm der Funktion f benötigten.

Den Parameter d hätten wir freilich auch wieder mit dem arithmetischen Mittel der beiden Nullstellen berechnen können. Aber manchmal will man ja direkt den Scheitelpunkt bestimmen, ohne vorher die Nullstellen berechnen zu müssen. Dann ist die obige Formel $d = -\frac{b}{2a}$ als Ansatz sehr praktisch, finde ich.

Im nächsten Kapitel möchte ich ebenso eine kompakte Formel für die Berechnung der Nullstellen herleiten für den Fall, dass die quadratische Funktion in Scheitelpunktform vorliegt.

Dieses Kapitel schließe ich nun ab mit der Berechnung des Brennpunkts F und der Gleichung der Leitlinie l. Den Abstand des Brennpunkts F vom Scheitelpunkt S bestimmen wir mit der Formel $FS = \frac{1}{4a} \Rightarrow FS = \frac{1}{4 \cdot 3} = \frac{1}{12}$.

$$S(2|-27) \Rightarrow F(2|-27 + \frac{1}{12})$$

$$\Rightarrow l: y = -27 - \frac{1}{12}$$

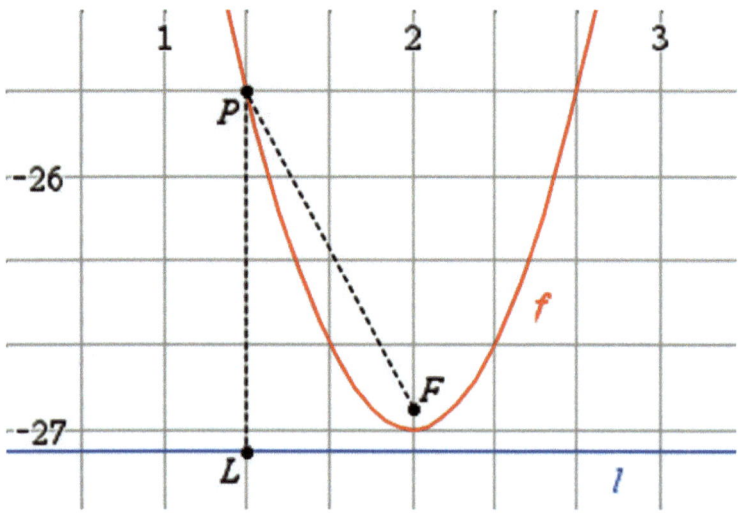

Funktion VII

Für dieses Kapitel wähle ich, wie angekündigt, eine quadratische Funktion in Scheitelpunktform.

$$f: f(x) = y = 0{,}1(x + 1)^2 - 2{,}5$$

Direkt ablesen können wir die Koordinaten des Scheitelpunktes $S(-1| -2{,}5)$.

Den Schnittpunkt SY mit der Y-Achse können wir leicht berechnen.

$$f(0) = -2{,}4 \Rightarrow SY(0|-2{,}4)$$

Was die Berechnung der Nullstellen betrifft, so wollten wir zunächst eine Formel herleiten. Das mache ich jetzt. Ich gebe die Scheitelpunktform vor.

$$y = a(x - d)^2 + e$$

Ich setze y = 0.

$$0 = a(x - d)^2 + e$$

Subtrahiere e und dividiere durch a.

$$-\frac{e}{a} = (x - d)^2$$

Ich ziehe die Quadratwurzel.

$$x - d = \pm\sqrt{-\frac{e}{a}}$$

Und addiere d.

$$x = d \pm \sqrt{-\frac{e}{a}}$$

Fertig. Diese Formel hat eine gewisse Ähnlichkeit mit jener Formel, die wir schon im letzten Kapitel fanden.

$$x = d \pm \sqrt{D}$$

Offensichtlich also gilt für die Diskriminante D:

$$D = \left(\frac{p}{2}\right)^2 - q = -\frac{e}{a}$$

Nun möchte ich die Nullstellen der gegebenen quadratischen Funktion f mit obiger Formel berechnen.

$$f\colon f(x) = y = 0{,}1(x + 1)^2 - 2{,}5$$

$$\Rightarrow x = d \pm \sqrt{-\frac{e}{a}}$$

$$\Rightarrow x = -1 \pm \sqrt{-\frac{-2{,}5}{0{,}1}} = -1 \pm \sqrt{25}$$

$$\Rightarrow x_1 = -6 \text{ und } x_2 = 4$$

$$\Rightarrow SX_1(-6|0) \text{ und } SX_2(4|0)$$

Ich fasse unsere Ergebnisse kurz zusammen.

$$y = a(x - d)^2 + e \Rightarrow x = d \pm \sqrt{-\frac{e}{a}}$$

$$f\colon f(x) = y = 0{,}1(x + 1)^2 - 2{,}5$$

$$SX_1(-6|0) \text{ und } S(-1|{-2{,}5}) \text{ und } SY(0|{-2{,}4}) \text{ und } SX_2(4|0)$$

Jene Formel, die wir in diesem Kapitel hergeleitet haben, hat – soweit ich sehe – in der mathematischen Literatur keinen Namen erhalten.

Dies mag vielleicht daran liegen, dass man die Nullstellen ausgehend von der Scheitelpunktform ohnehin leichter und schneller berechnen kann.

Liegt die Funktion hingegen in allgemeiner Form vor, ist der Weg der Berechnung der Nullstellen beschwerlicher und länger. Daher nutzt man in diesem Fall meist die p-q-Formel. Dennoch ist auch jene Formel, ich nenne sie mal a-d-e-Formel, nicht ohne Wert.

Was braucht es noch, dass wir die Funktion f zeichnen können? Nun, grob könnten wir sie schon jetzt einzeichnen. Aber wir haben die Möglichkeit, durch weitere Untersuchungen die Zeichnung zu verfeinern.

$$y = a(x - d)^2 + e$$

Wir sollten uns an dieser Stelle klar machen, dass der Parameter a in der Scheitelpunktform natürlich derselbe Parameter ist, der auch in der allgemeinen Form als Parameter a auftaucht. Dies sehen wir, wenn wir die Scheitelpunktform ausmultiplizieren.

$$\Rightarrow y = a(x^2 - 2dx + d^2) + e$$
$$\Rightarrow y = ax^2 - 2adx + ad^2 + e$$

$$y = ax^2 - 2adx + ad^2 + e$$

Ein Vergleich mit der allgemeinen Form zeigt:

$$a = a$$

$$b = -2ad \Leftrightarrow d = -\frac{b}{2a}$$

$$c = ad^2 + e \Leftrightarrow e = c - ad^2 \Leftrightarrow e = c - \frac{b^2}{4a}$$

Nun muss man sich diese Gleichungen nicht unbedingt allesamt merken. Aber sie sind durchaus nützlich.

Ist eine quadratische Funktion in Scheitelpunktform gegeben, so sagt uns die Gleichung

$$c = ad^2 + e,$$

dass der Schnittpunkt des Graphen mit der Y-Achse die Koordinaten

$$SY(0|ad^2 + e)$$

haben muss.

Ist eine quadratische Funktion aber in allgemeiner Form gegeben, so sagen uns die Gleichungen

$$d = -\frac{b}{2a} \text{ und } e = c - \frac{b^2}{4a},$$

dass der Scheitelpunkt der Parabel die Koordinaten

$$S(-\frac{b}{2a}|c - \frac{b^2}{4a})$$

besitzt.

Leicht ist es freilich, sich die Gleichung

$$a = a$$

zu merken.

Wenn wir es in diesem Kapitel mit der Funktion

$$f: f(x) = y = 0{,}1(x + 1)^2 - 2{,}5$$

zu tun haben, können wir also den Paramterwert a = 0,1 gerade in der Weise deuten, wie wir es bisher auch gemacht haben. Dies mag zwar für denjenigen, der häufiger mit quadratischen Funktionen rechnet, selbstverständlich sein. Aber im Rahmen dieses Buches muss ich zumindest einmal darauf hingewiesen haben.

Der Parameter a = 0,1 ist einerseits größer als 0. Dies bedeutet was? Ja, dies bedeutet, dass die Parabel nach oben geöffnet ist.

Der Parameter a = 0,1 ist andererseits kleiner als 1. Dies bedeutet was? Ja, dies bedeutet, dass die Parabel im Vergleich mit der Normalparabel breiter ist. Der Graph ist in Richtung der Ordinate gestaucht.

Und der Brennpunkt F und die Leitlinie l ? Diese haben wir in diesem Buch so berechnet und bestimmt:

$$S(d|e) \Rightarrow F(d|e + \frac{1}{4a})$$

$$l: y = e - \frac{1}{4a}$$

Eventuell werde ich die verschiedenen Formeln und Gleichungen irgendwo in diesem Buch nochmal gebündelt aufschreiben. Allerdings liegt mir mehr daran, dass mein Buch insgesamt gelesen wird und die Vorgänge nach und nach mitvollzogen werden. Entscheidend ist, dass die Inhalte im Gehirn gespeichert werden und dort erinnert werden können. Daher wiederhole ich in diesem Buch die wichtigsten Formeln, Berechnungen und Vorgehensweisen immer wieder.

Zurück zur Funktion dieses Kapitels.

$$f: f(x) = y = 0,1(x + 1)^2 - 2,5$$

$$S(-1|-2,5) \Rightarrow F(-1|-2,5 + \frac{1}{4 \cdot 0,1}) = F(-1|0)$$

$$l: y = -2,5 - \frac{1}{4 \cdot 0,1} = -5$$

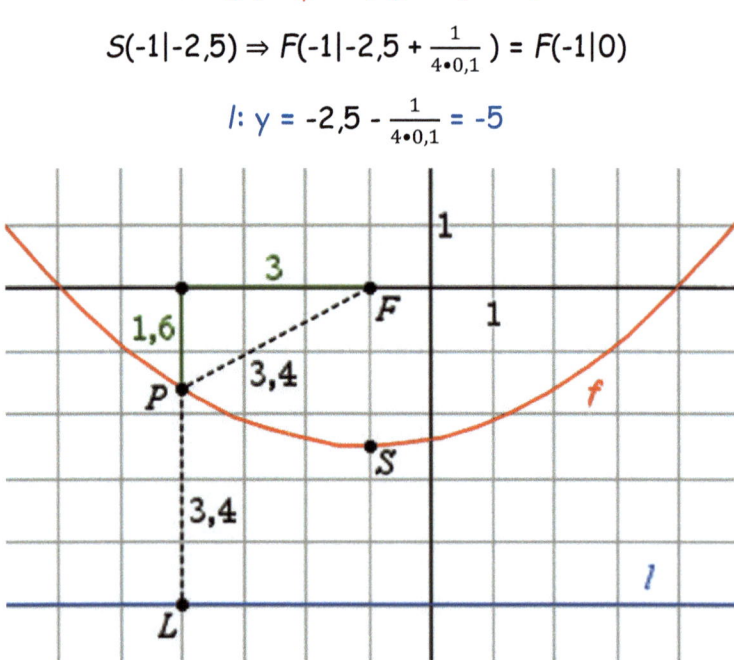

Ich habe mir überlegt, nun stufenweise zu zeigen:

1. Die in der Abbildung eingezeichneten Strecken FP und LP haben die gleiche Länge.

2. Dies gilt auch dann, wenn wir irgendeinen anderen Punkt P auf dem Graphen der Funktion f wählen.

3. Und es gilt schließlich auch dann, wenn wir noch allgemeiner von einer quadratischen Funktion in Scheitelpunktform ausgehen.

Ich beginne also mit der konkreten Situation in diesem Kapitel. Wir haben die Funktion

$$f: f(x) = y = 0{,}1(x + 1)^2 - 2{,}5$$

und den Brennpunkt F(-1|0). Zudem habe ich in der Abbildung den Punkt P(-4|f(-4)) = P(-4|-1,6) eingetragen. Somit hat der Lotfußpukt L die Koordinaten L(-4|-5).

Die Länge der Strecke LP = -1,6 - (-5) = 3,4 ist damit sofort klar. Zur Berechnung der Strecke FP benötigen wir den Pythagoras. Mit Pythagoras erhalten wir:

$$FP = \sqrt{\left(-1 - (-4)\right)^2 + \left(0 - (-1{,}6)\right)^2}$$

Unter der Wurzel haben wir hier die Summe der Kathetenquadrate. Vergleiche mit den grün gezeichneten Katheten in der Abbildung.

$$\Rightarrow FP = \sqrt{9 + 2{,}56} = 3{,}4 = LP$$

Nachdem wir dies gezeigt haben, wählen wir irgendeinen Punkt P auf der Parabel zur Funktion f. Dieser Punkt hat also die Koordinaten $P(x|0,1(x + 1)^2 - 2,5)$. Somit gilt für den Lotfußpunkt $L(x|-5)$. Der Lotfußpunkt stimmt in der x-Koordinate mit Punkt P überein. Seine y-Koordinate ergibt sich aus der Gleichung der Leitlinie l. Dies zur Erläuterung, falls du dich gefragt haben solltest, wie ich darauf gekommen bin, dass $L = L(x|-5)$.

Die Länge der Strecke LP ergibt sich aus der Differenz der y-Koordinaten der beiden Punkte P und L. Wir rechnen also:

$$LP = 0,1(x + 1)^2 - 2,5 - (-5)$$

$$\Rightarrow LP = 0,1(x + 1)^2 + 2,5$$

Die Länge der Strecke LP hängt natürlich von x ab.

Nun machen wir uns an die Bestimmung der Länge FP. Dazu benötigen wir wieder den Pythagoras. Die in der Abbildung eingezeichnete horizontale Kathete ergibt sich als Differenz der x-Koordinaten der beiden Punkte P und F. Und die in der Abbildung eingezeichnete vertikale Kathete ergibt sich als Differenz der y-Koordinaten der beiden Punkte P und F.

Also, horizontale Kathete:

$$|x - (-1)| = |x + 1|$$

Und vertikale Kathete:

$$|0,1(x + 1)^2 - 2,5 - 0| = |0,1(x + 1)^2 - 2,5|$$

Ich habe hier Betragsstriche gesetzt, da Katheten-längen immer positiv sind. Bei der anschließenden Berechnung der Länge FP mit dem Pythagoras, sind die Betragsstriche dann aber nicht erforderlich, da die Katheten ohnehin quadriert werden.

$$FP = \sqrt{(x + 1)^2 + (0,1(x + 1)^2 - 2,5)^2}$$

Zur Erinnerung, wir müssen zeigen, dass diese Wurzel für jedes beliebige Argument x dasselbe ist wie

$$LP = 0,1(x + 1)^2 + 2,5.$$

Wie machen wir das am besten? Ich sag' mal so, der Radikand von FP ist nicht negativ und LP ist auch nicht negativ. Also gilt FP = LP genau dann, wenn $FP^2 = LP^2$. Daher vergleiche ich LP^2 mit FP^2 (also mit dem Radikanden unter der Wurzel von FP).

Ich beginne mit der Quadrierung von LP.

$$LP^2 = (0,1(x + 1)^2 + 2,5)^2$$

$$\Rightarrow LP^2 = (0,1x^2 + 0,2x + 2,6)^2$$

$$\Rightarrow LP^2 = 0,01x^4 + 0,04x^3 + 0,56x^2 + 1,04x + 6,76$$

Am besten rechnest du das zu gegebener Zeit nochmal nach. Ich denke zwar nicht, dass ich mich verrechnet habe. Aber, wenn du Schritt für Schritt die Klammer ausmultiplizierst, kannst du dich davon überzeugen und mein Ergebnis nachvollziehen.

Nun zum Radikanden unter der Wurzel von *FP*.

$$(x + 1)^2 + (0{,}1(x + 1)^2 - 2{,}5)^2$$

$$= x^2 + 2x + 1 + (0{,}1x^2 + 0{,}2x - 2{,}4)^2$$

$$= x^2 + 2x + 1 + 0{,}01x^4 + 0{,}04x^3 - 0{,}44x^2 - 0{,}96x + 5{,}76$$

$$= 0{,}01x^4 + 0{,}04x^3 + 0{,}56x^2 + 1{,}04x + 6{,}76$$

$$= LP^2$$

Na, wer sagt's denn. Damit haben wir gezeigt, dass

$$FP = LP$$

gilt für alle Punkte *P* auf der Parabel zur Funktion f.

Die Bedingung oder Eigenschaft einer Parabel, dass all ihre Parabelpunkte von ihrem Brennpunkt die gleiche Entfernung haben wie zu ihrer Leitlinie, ist somit für die in diesem Kapitel vorliegende Funktion f erfüllt.

Den Nachweis für jede beliebige quadratische Funktion muss ich auf das nächste Kapitel verschieben. In der Beweisführung werde ich dann die allgemeine Form quadratischer Funktionen verwenden.

Funktion VIII

In diesem Buch sehe ich einiges in der Entwicklung begriffen. Es werden Zusammenhänge sichtbar, es entstehen nach und nach mehr und mehr Gleichungen, die uns in den weiteren Kapiteln kürzere Rechnungen bescheren werden. Ich gebe ein Beispiel.

Im letzten Kapitel hatten wir gesehen, dass für den Brennpunkt F und für die Leitlinie l einer Parabel einer quadratischen Funktion (in Scheitelpunktform) gilt:

$$F(d \mid e + \frac{1}{4a})$$

$$l: y = e - \frac{1}{4a}$$

Zudem hatten wir vorher schon festgehalten, dass:

$$d = -\frac{b}{2a} \text{ und } e = c - \frac{b^2}{4a}$$

Kombinieren wir diese Erkenntnisse, können wir den Brennpunkt F und die Leitlinie l nun auch für quadratische Funktionen in allgemeiner Form, in Abhängigkeit also von den Parametern a, b und c angeben.

$$F(-\frac{b}{2a} \mid c - \frac{b^2 - 1}{4a})$$

$$l: y = c - \frac{b^2 + 1}{4a}$$

Damit haben wir die Voraussetzungen geschaffen, um den Nachweis zu erbringen, dass ein jeglicher Parabelpunkt P einer quadratischen Funktion in allgemeiner Form vom Brennpunkt F der Parabel gleich weit entfernt ist wie von der Leitlinie l der Parabel. Ich gebe also die quadratische Funktion in allgemeiner Form vor.

$$y = ax^2 + bx + c$$

Dann gelten für den Brennpunkt F und die Leitlinie l:

$$F(-\frac{b}{2a} | c - \frac{b^2-1}{4a})$$

$$l: y = c - \frac{b^2+1}{4a}$$

Nun sei P ein beliebiger Punkt der Parabel und L der Lotfußpunkt von P auf l.

$$P(x | ax^2 + bx + c) \text{ und } L(x | c - \frac{b^2+1}{4a})$$

Wir haben zu zeigen, dass $FP = LP$ gilt.

Ich beginne wieder mit LP. Da sind wir schnell fertig. Die Punkte P und L liegen natürlich vertikal übereinander. Sie haben dieselbe x-Koordinate. Die Länge der Strecke LP ergibt sich also als Betrag der Differenz der beiden y-Koordinaten.

$$LP = |ax^2 + bx + c - (c - \frac{b^2+1}{4a})| = |ax^2 + bx + \frac{b^2+1}{4a}|$$

Die Betragsstriche müssen wir setzen, weil es ja durchaus vorkommen kann, dass die Parabel nach unten geöffnet ist. Dann liegt der Punkt L oberhalb des Punktes P. Die soeben gebildete Differenz der beiden y-Koordinaten ist dann negativ und erst durch die Betragsstriche positiv. Beispiele hierzu werden wir in den nächsten Kapiteln noch behandeln.

Nun bestimmen wir die Länge der Strecke FP. Wir bilden die horizontale Kathete (des in Frage kommenden rechtwinkligen Dreiecks) und dann die vertikale Kathete und ziehen nach Pythagoras die Wurzel aus der Summe der Kathetenquadrate. Zur Unterstützung des Verständnisses zeichne ich aber noch ein Bild.

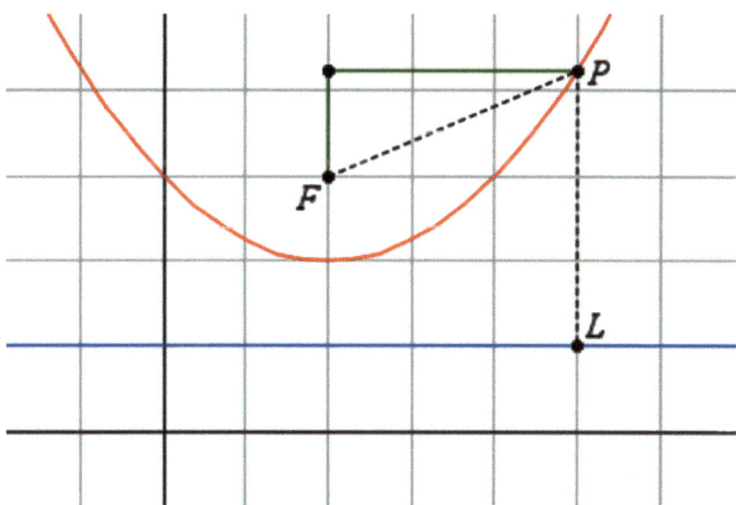

$F(-\frac{b}{2a} | c - \frac{b^2-1}{4a})$ und $P(x | ax^2 + bx + c)$

Die Länge der horizontalen Kathete ergibt sich als Differenz der x-Koordinaten der Punkte P und F.

$$|x - (-\tfrac{b}{2a})| = |x + \tfrac{b}{2a}|$$

Die Länge der vertikalen Kathete ergibt sich als Differenz der y-Koordinaten der Punkte P und F.

$$|ax^2 + bx + c - (c - \tfrac{b^2-1}{4a})| = |ax^2 + bx + \tfrac{b^2-1}{4a}|$$

Es folgt die Länge der Strecke FP mit Pythagoras.

$$FP = \sqrt{\left(x + \tfrac{b}{2a}\right)^2 + \left(ax^2 + bx + \tfrac{b^2-1}{4a}\right)^2}$$

Wir haben zu zeigen, dass $FP = LP$ gilt. Da beide Streckenlängen nicht negativ sind, gilt diese Gleichung genau dann, wenn ihre Quadrate gleich sind. Daher zeigen wir die Gleichheit der Quadrate, also $FP^2 = LP^2$.

$$FP^2 = (x + \tfrac{b}{2a})^2 + (ax^2 + bx + \tfrac{b^2-1}{4a})^2$$

$$\Rightarrow FP^2 = x^2 + \tfrac{b}{a}x + \tfrac{b^2}{4a^2}$$

$$+ a^2x^4 + 2abx^3 + \tfrac{3b^2-1}{2}x^2 + \tfrac{b^3-b}{2a}x + \tfrac{b^4-2b^2+1}{16a^2}$$

$$\Rightarrow FP^2 = a^2x^4 + 2abx^3 + \tfrac{3b^2+1}{2}x^2 + \tfrac{b^3+b}{2a}x + \tfrac{b^4+2b^2+1}{16a^2}$$

$$LP^2 = |ax^2 + bx + \tfrac{b^2+1}{4a}|^2 = (ax^2 + bx + \tfrac{b^2+1}{4a})^2$$

$$\Rightarrow LP^2 = a^2x^4 + 2abx^3 + \tfrac{3b^2+1}{2}x^2 + \tfrac{b^3+b}{2a}x + \tfrac{b^4+2b^2+1}{16a^2}$$

$$\Rightarrow FP^2 = LP^2 \Rightarrow FP = LP$$

Okay, genug Theorie für diesen Moment. Wir sollten uns schleunigst einer konkreten Funktion zuwenden.

Ich bin mir freilich dessen bewusst, dass theoretische Beweisführungen für den Leser ein Problem darstellen können, etwa, wenn er nicht mitbekommen hat, was eigentlich gezeigt und bewiesen werden soll. Oder aber die einzelnen Beweisschritte können nicht nachvollzogen werden. In der soeben fertiggestellten Beweisführung habe ich bei den finalen Umformungen einige Zwischenschritte weggelassen, da ich befürchtete, dass der Leser oder die Leserin diese ohnehin nicht mehr zur Kenntnis genommen hätte. Auf diese Weise habe ich aber wenigstens das Ergebnis festgehalten. Wer mag, kann dieses Ergebnis durch sorgfältiges Ausmultiplizieren der Terme und anschließendes Zusammenfassen der Potenzen verifizieren.

Also, eine Funktion muss her. Wie wär's mit dieser?

$$f\colon f(x) = y = 0{,}25x^2 - x + 3$$

Mit unseren Kenntnissen, die wir mittlerweile gesammelt haben, können wir sofort einige Tatsachen diese Funktion betreffend festhalten.

Wegen $0 < a = 0{,}25 < 1$ ist der Graph der Funktion nach oben geöffnet und in Richtung der Ordinate gestaucht.

Wegen $c = 3$ folgt **SY(0|3)**.

Mit $S(-\frac{b}{2a} \mid c - \frac{b^2}{4a})$ und a = 0,25 und b = -1 und c = 3

gilt $S(-\frac{-1}{2 \cdot 0,25} \mid 3 - \frac{(-1)^2}{4 \cdot 0,25})$ = **S(2|2)**.

Mit $F(-\frac{b}{2a} \mid c - \frac{b^2 - 1}{4a})$ und a = 0,25 und b = -1 und c = 3

gilt $F(-\frac{-1}{2 \cdot 0,25} \mid 3 - \frac{(-1)^2 - 1}{4 \cdot 0,25})$ = **F(2|3)**.

Die Nullstellen der Funktion können wir noch nicht in Abhängigkeit von a, b und c angeben. Müssen wir aber auch nicht, nicht bei dieser Funktion. Denn der Scheitelpunkt liegt oberhalb der Abszisse und die Parabel ist nach oben geöffnet. Also gibt es keine Nullstellen.

Bleibt noch die Leitlinie *l*.

$$l: y = c - \frac{b^2 + 1}{4a}$$

$$\Rightarrow l: y = 3 - \frac{(-1)^2 + 1}{4 \cdot 0,25}$$

$$\Rightarrow l: y = 1$$

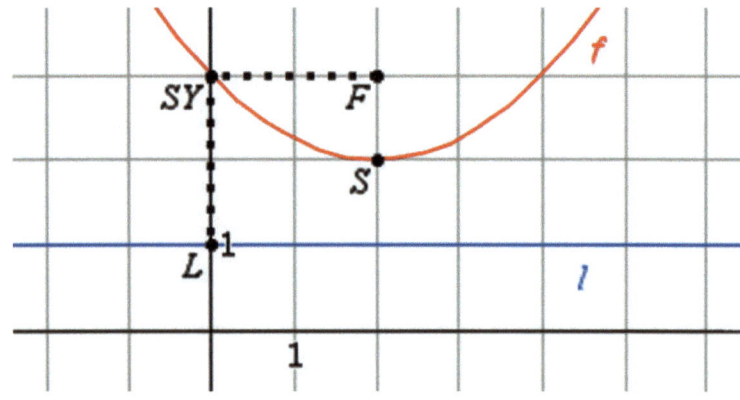

84

$$f: f(x) = y = 0{,}25x^2 - x + 3$$

Wir untersuchen in diesem Kapitel die hier vorgegebene Funktion f. Die wichtigsten Punkte des Graphen haben wir berechnet und den Verlauf der Parabel mitsamt Brennpunkt und Leitlinie durch eine Zeichnung veranschaulicht.

Im Schulunterricht begegnen dir die unterschiedlichsten Aufgabenstellungen. Eine Aufgabenstellung könnte zum Beispiel so lauten:

Bestimme die Gleichungen der beiden Geraden durch den Ursprung des Koordinatensystems, die den Graph der Funktion f tangieren.

Wir sagen, eine Gerade tangiert den Graphen der Parabel, wenn sie ihn in einem Parabelpunkt berührt und dieselbe Steigung besitzt, die auch der Graph in diesem Parabelpunkt aufweist.

Wie geht man an eine solche Aufgabenstellung heran? Sinnvoll ist es, zunächst zu fragen, was denn genau gefunden werden soll. Da fällt mir auf, dass von Ursprungsgeraden die Rede war. Gesucht sind zwei Ursprungsgeraden, die dann noch weitere Eigenschaften haben. Konzentrieren wir uns auf die Eigenschaft einer Geraden, eine Ursprungsgerade zu sein.

$$t: t(x) = mx$$

So sollten die Gleichungen der gesuchten Geraden aussehen. Da Ursprungsgeraden nun einmal durch den Ursprung verlaufen, ist ihr Achsenabschnitt gleich 0. Daher haben wir jeweils, für beide Tangenten also, lediglich den Parameter m zu bestimmen.

$$t: t(x) = mx$$

Der Parameterwert m müsste sich nun ergeben, indem wir schauen, welche Eigenschaften die gesuchten Geraden noch haben sollen. Nun, sie sollen den Graphen tangieren. Dies bedeutet, wir müssen jene Berührpunkte finden, die erstens sowohl auf der Parabel als auch auf den Geraden liegen und zusätzlich muss die Parabel zweitens in diesen Punkten dieselbe Steigung haben wie die Geraden.

Ich habe geschrieben, wir müssen jene Berührpunkte finden. Genauer gesagt – wir müssen die Stellen, also die x-Koordinaten dieser Berührpunkte ermitteln. Dann werden wir auch leicht jeweils den Parameter m berechnen können.

Da die Tangenten jeweils dieselbe Steigung haben wie die Parabel in den Berührpunkten, brauchen wir jedenfalls die 1. Ableitungsfunktion der Funktion f.

$$f: f(x) = y = 0{,}25x^2 - x + 3$$

$$\Rightarrow f': f'(x) = y' = 0{,}5x - 1$$

Die beiden Bedingungen, die wir vorhin formulierten, schreiben sich mathematisch nun folgerndermaßen.

$$t(x) = f(x)$$

$$t'(x) = f'(x)$$

Mit den Funktionstermen erhalten wir:

$$t(x) = mx = 0{,}25x^2 - x + 3 = f(x)$$

$$t'(x) = m = 0{,}5x - 1 = f'(x)$$

Wenn $m = 0{,}5x - 1$ gelten soll, so muss dies auch in der Gleichung darüber so sein. Wir setzen ein.

$$(0{,}5x - 1)x = 0{,}25x^2 - x + 3$$

$$\Rightarrow 0{,}5x^2 - x = 0{,}25x^2 - x + 3$$

$$\Rightarrow 0{,}25x^2 = 3$$

Eine quadratische Gleichung dieser Art nennt man auch reinquadratisch, da die Variable x^1 in der Gleichung nicht mehr vorkommt.

$$\Rightarrow x^2 = 12$$

$$\Rightarrow x_1 = -\sqrt{12} \text{ und } x_2 = \sqrt{12}$$

Die Werte des Parameters m folgen mit $m = 0{,}5x - 1$.

$$\Rightarrow m_1 = -0{,}5\sqrt{12} - 1 \text{ und } m_2 = 0{,}5\sqrt{12} - 1$$

Und die y-Koordinaten der Berührpunkte mit $t(x) = mx$.

$$\Rightarrow y_1 = m_1 x_1 = 6 + \sqrt{12} \text{ und } y_2 = m_2 x_2 = 6 - \sqrt{12}$$

⇒ Tangentengleichungen und Berührpunkte:

t_1: $t_1(x) = (-0,5 \sqrt{12} - 1)x$ und t_2: $t_2(x) = (0,5 \sqrt{12} - 1)x$

$B_1(-\sqrt{12}\,|\,6 + \sqrt{12})$ und $B_2(\sqrt{12}\,|\,6 - \sqrt{12})$

Wir haben die Gleichungen der beiden Tangenten und die Berührpunkte ermittelt. Ich gebe unsere Ergebnisse hier noch einmal mit gerundeten Werten an.

t_1: $t_1(x) = -2,7x$ und t_2: $t_2(x) = 0,7x$

$B_1(-3,5\,|\,9,5)$ und $B_2(3,5\,|\,2,5)$

Die folgende Abbildung bestätigt unsere Ergebnisse.

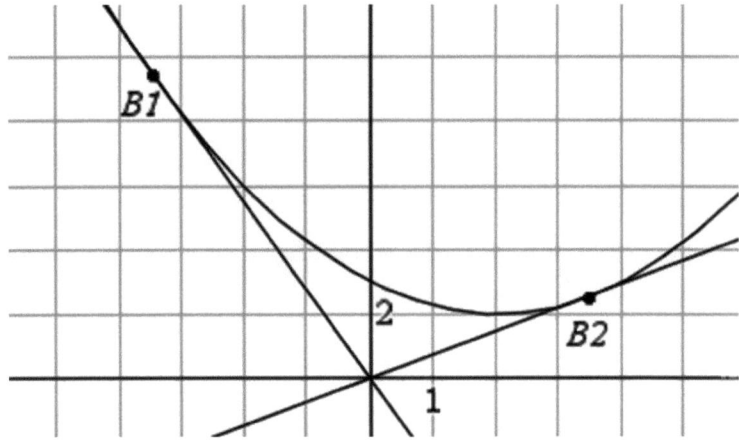

Das war's für dieses Kapitel. Im nächsten möchte ich mir mit dir eine Parabel ansehen, die nach unten geöffnet ist. Wir haben also einen negativen Parameterwert a zu wählen. Bis dann.

Funktion IX

$$f: f(x) = y = -0{,}5(x + 2)(x - 4)$$

Eine neue Funktion. Wie (fast) immer, frage ich mich zunächst, was ich über diese neue Funktion quasi sofort aussagen kann. Ich möchte so schnell wie möglich Erkenntnisse über diese Funktion sammeln. Insbesondere möchte ich den Scheitelpunkt und den Brennpunkt bestimmen sowie die Schnittpunkte mit den Achsen. Ansonsten überlege ich mir noch, ob die Parabel nach oben oder unten geöffnet ist und ob sie eventuell gestreckt oder gestaucht worden ist.

Fangen wir damit mal an. Wegen

$$-1 < a = -0{,}5 < 0$$

ist die Parabel nach unten geöffnet und in Richtung der Ordinate gestaucht worden.

Sofort ablesen können wir am Funktionsterm die Nullstellen $x_1 = -2$ und $x_2 = 4$.

Die x-Koordinate x_S des Scheitelpunktes berechnen wir als arithmetisches Mittel $\frac{-2+4}{2} = 1$. Die y-Koordinate y_S als Funktionswert $f(x_S) = f(1) = 4{,}5 \Rightarrow S(1|4{,}5)$.

Den Achsenabschnitt erhalten wir mit $f(0) = 4$.

Es fehlt noch der Brennpunkt.

$$S(d|e) \Rightarrow F(d|e + \tfrac{1}{4a}) = F(1|4,5 + \tfrac{1}{4 \cdot (-0,5)}) = F(1|4)$$

Falls du dich gerade verzweifelt fragst, was ich hier mache, hast du irgendwo in diesem Buch geschlafen. ☺

Und die Leitlinie. $l: y = e - \tfrac{1}{4a}$

$$\Rightarrow l: y = 4,5 - (-\tfrac{1}{2}) = 5$$

Sehr schön, wir haben dieselben Formeln benutzt wie bisher. Aber jetzt, wo die Parabel nach unten geöffnet ist, liegt der Brennpunkt F automatisch **unter** dem Scheitelpunkt S und die Leitlinie l **über** dem Scheitelpunkt S. Ist es dir auch aufgefallen?

Damit ist (fast) alles geklärt. Ruckzuck.

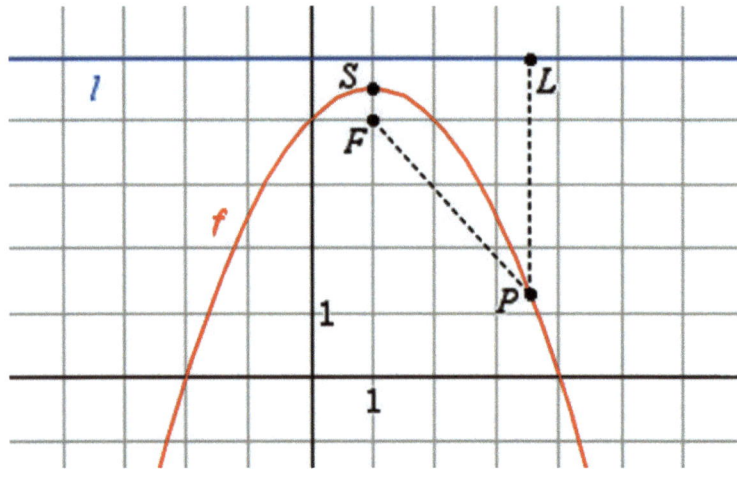

Hm, nun haben wir auf 2 Seiten dieses Kapitels (fast) alles geklärt. Was machen wir jetzt auf den restlichen 8 Seiten dieses Kapitels? Ich würde sagen, da fällt uns schon etwas ein. Langweilig wird uns nicht werden.

Ich werde dir erst einmal einige Aufgaben stellen. Übung ist das halbe Leben, heißt es. Wir beginnen mit leichteren Übungen und steigern uns dann, okay?

Die **erste Aufgabe** besteht darin, dass du den Funktionsterm der Funktion f bitte in der Scheitelpunktform angibst. Diese Übung solltest du innerhalb von etwa 2 Minuten bewältigt haben.

Dein Ergebnis müsste ungefähr so aussehen:

$$f: f(x) = y = -0,5(x + 2)(x - 4)$$

$$\rightarrow f: f(x) = y = -0,5(x - 1)^2 + 4,5$$

Falls du diese Aufgabe nicht zu lösen vermochtest, den Faktor $a = -0,5$ kann man einfach übernehmen, der ändert sich nicht. Die -1 in der Klammer kommt daher, weil wir die x-Koordinate des Scheitelpunktes, also x_S, mit $x_S = 1 = d$ bestimmt haben. Und die 4,5 entspricht der y-Koordinate $y_S = 4,5 = e$ des Scheitelpunktes.

Kommen wir sogleich zur **nächsten Übung**. Schreibe den Funktionsterm nun bitte in allgemeiner Form auf.

Diese Übung habe natürlich auch ich gemacht.

$$f\colon f(x) = y = -0{,}5(x - 1)^2 + 4{,}5$$

$$\Rightarrow f\colon f(x) = y = -0{,}5(x^2 - 2x + 1) + 4{,}5$$

$$\Rightarrow f\colon f(x) = y = -0{,}5x^2 + x - 0{,}5 + 4{,}5$$

$$\Rightarrow f\colon f(x) = y = -0{,}5x^2 + x + 4$$

Das war einfach. Wir haben die 2. binomische Formel angewendet, dann die Klammer ausmultipliziert und schließlich den Term zusammengefasst.

In der **dritten Übung** sollst du herausfinden, an welchen Stellen die Funktion f den Wert y = 7 annimmt.

Während du übst, erzähle ich hier solange einen Mathematikerwitz. Also, was macht ein Mathematiker am Nachmittag in seinem Garten? Na? Nun, er zieht Wurzeln ... So, ich hoffe, du hast nicht allzu viel Zeit mit der dritten Übung verbracht. Denn die Funktion f nimmt natürlich an keiner Stelle den Wert y = 7 an. Die Parabel ist nach unten geöffnet und der Scheitelpunkt, also ihr Hochpunkt, hat die y-Koordinate y_S = 4,5. Mehr hat diese Funktion sozusagen nicht zu bieten.

Als **vierte Aufgabe** bildest du bitte die ersten 3 Ableitungen der Funktion f.

Bei mir sieht das so aus:

$$f: f(x) = y = -0{,}5x^2 + x + 4$$

Ich gehe also aus von der allgemeinen Form. Denn nur diese können wir ableiten. (Ich könnte zwar auch die anderen Formen ableiten, aber wie man das macht, hatte ich nicht mit dir besprochen.)

$$\Rightarrow f': f'(x) = y' = -x + 1$$

$$\Rightarrow f'': f''(x) = y'' = -1$$

$$\Rightarrow f''': f'''(x) = y''' = 0$$

Die **fünfte Übung**. Berechne den Funktionswert f(-8).

Ich hoffe, du schielst jetzt nicht hierher, denn ich notiere sogleich mein oder das Ergebnis.

$$f(-8) = -0{,}5 \cdot (-8)^2 + (-8) + 4$$

$$\rightarrow f(-8) = -0{,}5 \cdot 64 - 8 + 4$$

$$\Rightarrow f(-8) = -32 - 4$$

$$\Rightarrow f(-8) = -36$$

Die **sechste Übung**. An welchen Stellen nimmt die Funktion f den Funktionswert y = -360 an?

Diese Aufgabe, so viel kann ich sagen, kannst du erledigen, ausgehend von der Scheitelpunktform, mit der a-d-e-Formel oder aber, ausgehend von der allgemeinen Form, mit der p-q-Formel.

Ich selbst gehe die Sache mit der a-d-e-Formel an.

$$f: f(x) = y = -0{,}5(x-1)^2 + 4{,}5$$

$$\Rightarrow -360 = -0{,}5(x-1)^2 + 4{,}5$$

$$\Rightarrow 0 = -0{,}5(x-1)^2 + 364{,}5$$

In Hinblick auf diese Aufgabenstellung haben wir es nun also mit e = 364,5 zu tun. Ursprünglich war e = 4,5. Dies sollte dich nicht weiter irritieren. Wir berechnen hier vordergründig die Nullstellen der Funktion

$$y = -0{,}5(x-1)^2 + 364{,}5.$$

Zugleich ermitteln wir dadurch aber, an welchen Stellen die **Funktion f** den Funktionswert y = –360 hat.

$$0 = -0{,}5(x-1)^2 + 364{,}5$$

$$\Rightarrow x_{3,4} = d \pm \sqrt{-\frac{e}{a}}$$

$$\Rightarrow x_{3,4} = 1 \pm \sqrt{-\frac{364{,}5}{-0{,}5}}$$

$$\Rightarrow x_{3,4} = 1 \pm \sqrt{729}$$

$$\Rightarrow x_3 = 1 - 27 = -26 \text{ und } x_4 = 1 + 27 = 28$$

Die Funktion f nimmt also an den Stellen x_3 = -26 und x_4 = 28 jeweils den Funktionswert y = -360 an.

Nun kommt die **siebte Aufgabe**. In welchem Parabelpunkt hat die Funktion f die Steigung 2?

Wer kann diesen Job erledigen, wer fühlt sich zuständig? Natürlich die 1. Ableitungsfunktion. *Das ist mein Ding, da bin ich ganz in meinem Element.*

$$f': f'(x) = y' = -x + 1$$

$$\Rightarrow 2 = -x + 1$$

$$\Rightarrow x_5 = -1$$

An der Stelle $x_5 = -1$ besitzt die Funktion f die Steigung (oder momentane Änderungsrate) 2.

Die **achte Aufgabe** schließt direkt an die vorherige Aufgabe an. Bestimme die Gleichung der Tangente an den Graphen der Funktion f im Berührpunkt B(-1|f(-1)).

Ich gehe diese Aufgabe so an, dass ich zunächst

$$f(-1) \text{ und } f'(-1)$$

berechne. Danach setze ich die Werte in die Normalform einer linearen Gleichung ein, also so:

$$t: t(x) = y = mx + n$$

$$\Rightarrow f(-1) = f'(-1) \cdot (-1) + n$$

Diese Gleichung liefert mir den Achsenabschnitt n.

Also los. $f(-1) = -0{,}5(-1-1)^2 + 4{,}5 = 2{,}5$

$$f'(-1) = -(-1) + 1 = 2$$

$$\Rightarrow 2{,}5 = 2 \cdot (-1) + n \Rightarrow n = 4{,}5$$

Wir haben also insbesondere erhalten:

$$f'(-1) = m = 2$$

$$n = 4{,}5$$

Die Gleichung der Tangente t an f in $B(-1|2{,}5)$ lautet:

$$t: t(x) = y = 2x + 4{,}5$$

Dieses Ergebnis halte ich im Bild fest.

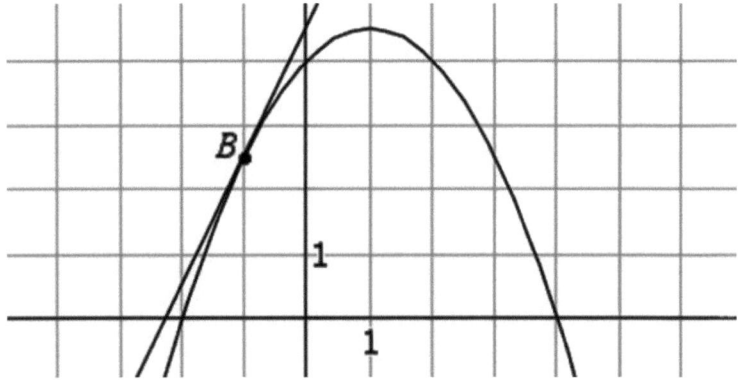

Die Tangente t hat freilich einen Schnittpunkt mit der Abszisse. Aber wo, an welcher Stelle? Das ist die **neunte Aufgabe.**

Natürlich setzen wir den Funktionsterm $t(x)$ gleich 0.

$$0 = 2x + 4{,}5$$

$$\Rightarrow 2x = -4{,}5$$

$$\Rightarrow x = -2{,}25$$

$$\Rightarrow SX(-2{,}25|0)$$

In der **zehnten Übung** möchtest du bitte eine Stamm-funktion F der Funktion f bilden. Falls du nicht mehr weißt, wie das geht, guck' am besten nochmal an der entsprechenden Stelle weiter vorn im Buch nach.

Ich gehe in meiner Bearbeitung der Aufgabe von der allgemeinen Form der Funktion f aus.

$$f\colon f(x) = y = -0{,}5x^2 + x + 4$$

$$\Rightarrow f\colon f(x) = y = -0{,}5x^2 + 1x^1 + 4x^0$$

$$\Rightarrow F\colon F(x) = Y = -0{,}5\cdot\frac{1}{3}x^3 + 1\cdot\frac{1}{2}x^2 + 4\cdot\frac{1}{1}x^1$$

$$\Rightarrow F\colon F(x) = Y = -\frac{1}{6}x^3 + \frac{1}{2}x^2 + 4x$$

Diese Stammfunktion benötigen wir in der **elften Übung**. Berechne den Flächeninhalt der Fläche, die von der Parabel und der Abszisse eingeschlossen wird.

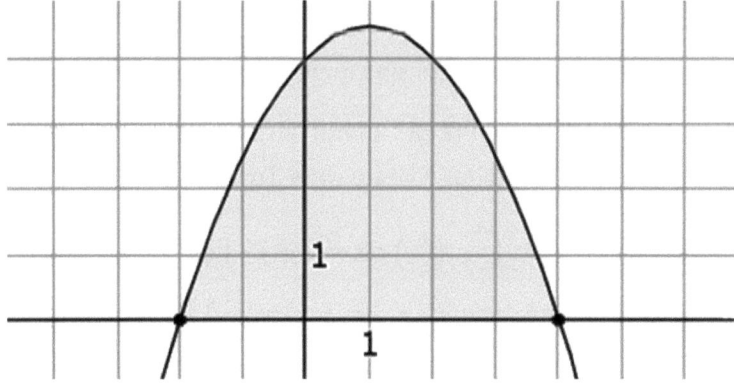

Bei dieser Gelegenheit gebe ich dir jedoch zunächst eine ultrakurze Einführung in die Integralrechnung.

Die Menge aller Stammfunktionen einer Funktion f ist das (unbestimmte) Integral der Funktion f.

$$\int f(x)\, dx = \{\, F \mid F' = f \,\}$$

Auf der linken Seite der Gleichung siehst du das (unbestimmte) Integral der Funktion f. Rechts die Menge aller Stammfunktionen F der Funktion f. Der Ausdruck f(x) dx kommt daher, dass Flächen zwischen Graph und Abszisse durch Rechteckflächen angenähert werden. Das Integral steht formal für die *Summe unendlich vieler und unendlich schmaler Rechteckflächen.*

Das bestimmte Integral der Funktion f über dem Intervall [a ; b] ist die Differenz F(b) - F(a).

$$\int_{a}^{b} f(x)\, dx = F(b) - F(a)$$

Das unbestimmte Integral steht also für eine Menge.

Das bestimmte Integral entspricht einem Zahlenwert.

Den obigen Flächeninhalt erhalten wir als bestimmtes Integral der Funktion f über dem Intervall [-2 ; 4].

$$A = \int_{-2}^{4} f(x)\, dx = F(4) - F(-2)$$

$$\Rightarrow A = -\frac{1}{6}\cdot 4^3 + \frac{1}{2}\cdot 4^2 + 4\cdot 4 - (-\frac{1}{6}\cdot(-2)^3 + \frac{1}{2}\cdot(-2)^2 + 4\cdot(-2))$$

$$\Rightarrow A = -\frac{64}{6} + \frac{16}{2} + 16 - (\frac{8}{6} + \frac{4}{2} - 8) = 18 \text{ FE}$$

Funktion X

In diesem Kapitel machen wir es mal anders. Ich gebe die quadratische Funktion nicht einfach vor, sondern wir suchen sie gemeinsam. Vorgeben tu' ich allerdings drei zufällig ausgewählte Punkte, von denen ich annehme, dass sie nicht auf einer einzigen Geraden liegen. Dann ist durch diese Punkte eine quadratische Funktion eindeutig festgelegt. Mit anderen Worten, es gibt genau eine (quadratische) Parabel, die durch diese Punkte hin ihren Verlauf nimmt.

Und da wären sie auch schon (Trommelwirbel):

$$P_1(2|4) \text{ und } P_2(5|10) \text{ und } P_3(10|25)$$

Also, die Behauptung ist, dass durch diese 3 Punkte eindeutig eine (quadratische) Parabel festgelegt ist. Was nun zu beweisen wäre. Wir tun dies, indem wir ein Gleichungssystem mit 3 Gleichungen in 3 Variablen aufstellen.

Hey, das wurde auch langsam Zeit. Ich warte schon seit mehreren Stunden auf das erste Gleichungssystem.

Ja, du hast recht, ich hatte nicht auf die Uhr gesehen. Aber jetzt geht's los.

Ich schlage vor, wir halten uns an die allgemeine Form quadratischer Funktionen.

$$f: f(x) = y = ax^2 + bx + c$$

Und suchen deren Parameterwerte passend zu den vorgegebenen Punkten zu bestimmen. Alles klar?

Wie kann man erzwingen, dass die Funktionsgleichung, die man am Ende gefunden hat, tatsächlich jenen 3 Punkten genügt? Indem man von Anfang an genau dies einfordert. Wir fordern, dass, wenn wir die x-Koordinate des Punktes P_1 in die Funktionsgleichung der allgemeinen Form einsetzen, dann als Funktionswert auch tatsächlich die y-Koordinate des Punktes P_1 herauskommt. Und so weiter auch mit den beiden anderen Punkten. Übersichtlich dargestellt erhalten wir mit diesem Ansatz ein Gleichungssystem.

$$f: f(x) = y = ax^2 + bx + c$$

$$P_1(2|4) \Rightarrow 4a + 2b + c = 4$$

$$P_2(5|10) \Rightarrow 25a + 5b + c = 10$$

$$P_3(10|25) \Rightarrow 100a + 10b + c = 25$$

3 Gleichungen und 3 Variablen. Ein Gleichungssystem.

Geometrisch interpretiert handelt es sich hier um drei Ebenen, die miteinander genau einen Schnittpunkt haben. Aber dies erwähne ich hier nur am Rande.

Genau eine Lösung aber werden wir erhalten. Diese eine Lösung besteht aus den eindeutig bestimmten Parameterwerten a, b und c.

Sollte der Parameter a dann gleich 0 sein, würde dies bedeuten, dass unsere 3 Punkte auf einer einzigen Geraden liegen. In diesem Fall würde also gar keine Parabel durch die 3 Punkte hindurchlaufen. Wenn aber der Parameter a ungleich 0 ist, dann ist alles in Ordnung, dann liegen die 3 Punkte auf jener Parabel, die durch die ermittelten Parameterwerte a, b und c bestimmt worden ist. Schauen wir uns das System an.

$$4a + 2b + c = 4$$

$$25a + 5b + c = 10$$

$$100a + 10b + c = 25$$

Es gibt zumindest 3 Möglichkeiten, dieses System zu lösen. Diese möchte ich dir in diesem Kapitel vorstellen. Die erste Möglichkeit besteht darin, dass wir das gute alte Additionsverfahren nutzen, das wir von den Gleichungssystemen in 2 Variablen her kennen. Solltest du Probleme damit haben, empfehle ich dir mein Buch *Lineare Funktionen und Gleichungssysteme*.

Günstig ist es, dass in allen 3 Gleichungen das c jeweils so einsam und verlassen dasteht. Indem wir etwa die erste Gleichung von der zweiten subtrahieren und die zweite Gleichung von der dritten subtrahieren, erhalten wir zwei Gleichungen in zwei Variablen.

$$4a + 2b + c = 4 \qquad\qquad 25a + 5b + c = 10$$
$$25a + 5b + c = 10 \qquad\qquad 100a + 10b + c = 25$$
$$\Rightarrow 21a + 3b = 6 \qquad\qquad \Rightarrow 75a + 5b = 15$$

$$21a + 3b = 6$$
$$75a + 5b = 15$$

Ich sorge dafür, dass wir vor dem b Zahl und Gegenzahl stehen haben, indem ich die obere Gleichung mit 5 und die untere Gleichung mit -3 multipliziere.

$$\Rightarrow 105a + 15b = 30$$
$$\Rightarrow -225a - 15b = -45$$

Nun macht es Sinn, diese Gleichungen zu addieren.

$$\Rightarrow -120a = -15$$
$$\Rightarrow a = \frac{-15}{-120} = 0,125$$

Durch Einsetzen von a = 0,125 in 21a + 3b = 6 erhalten wir b = 1,125 und schließlich mit 4a + 2b + c = 4 auch noch c = 1,25.

Damit lautet die gesuchte Funktion f:

$$f: f(x) = y = 0{,}125x^2 + 1{,}125x + 1{,}25$$

Das Ergebnis war und ist eindeutig.

Nun gibt es zwei weitere Möglichkeiten, jenes Gleichungssystem zu lösen. In meinem Buch *Lineare Funktionen und Gleichungssysteme* führte ich die **Determinante** ein für Matrizen in 2 Zeilen und 2 Spalten. Mithilfe von Determinanten können wir nun auch Systeme in 3 Gleichungen und 3 Variablen lösen.

$$4a + 2b + c = 4$$

$$25a + 5b + c = 10$$

$$100a + 10b + c = 25$$

Dazu übernehme ich die Koeffizienten der Buchstaben a, b und c in eine Matrix $\mathcal{M}$ mit 3 Zeilen und 3 Spalten.

$$\mathcal{M} = \begin{pmatrix} 4 & 2 & 1 \\ 25 & 5 & 1 \\ 100 & 10 & 1 \end{pmatrix}$$

Zudem bilde ich drei Matrizen $\mathcal{M}_a$, $\mathcal{M}_b$ und $\mathcal{M}_c$, indem ich jeweils eine Spalte durch die Komponenten des Vektors $\begin{pmatrix} 4 \\ 10 \\ 25 \end{pmatrix}$ ersetze. Diese Zahlen, hier 4, 10 und 25, bilden jeweils die rechte Seite der obigen Gleichungen.

$$\mathcal{M}_a = \begin{pmatrix} 4 & 2 & 1 \\ 10 & 5 & 1 \\ 25 & 10 & 1 \end{pmatrix} \Rightarrow \text{Koeffizienten von a ersetzt}$$

$$\mathcal{M}_b = \begin{pmatrix} 4 & 4 & 1 \\ 25 & 10 & 1 \\ 100 & 25 & 1 \end{pmatrix} \Rightarrow \text{Koeffizienten von b ersetzt}$$

$$\mathcal{M}_c = \begin{pmatrix} 4 & 2 & 4 \\ 25 & 5 & 10 \\ 100 & 10 & 25 \end{pmatrix} \Rightarrow \text{Koeffizienten von c ersetzt}$$

Das ist ein recht mechanisches Verfahren, da kann man nicht viel verkehrt machen. Nun berechnen wir die Determinanten dieser 4 Matrizen. Dabei entwickeln wir die Determinanten nach der ersten Zeile. Ich demonstriere das ausführlich an der Matrix $\mathcal{M}$. Die Determinante der Matrix $\mathcal{M}$ bezeichne ich mit $\mathcal{D}$.

$$\mathcal{D} = \begin{vmatrix} 4 & 2 & 1 \\ 25 & 5 & 1 \\ 100 & 10 & 1 \end{vmatrix}$$

$$\Rightarrow \mathcal{D} = 4 \cdot \begin{vmatrix} 5 & 1 \\ 10 & 1 \end{vmatrix} - 2 \cdot \begin{vmatrix} 25 & 1 \\ 100 & 1 \end{vmatrix} + 1 \cdot \begin{vmatrix} 25 & 5 \\ 100 & 10 \end{vmatrix}$$

Ich multipliziere das erste Element der ersten Zeile, die Zahl 4, mit der Determinante jener Matrix aus 2 Zeilen und 2 Spalten, die dadurch entsteht, dass ich die erste Zeile und erste Spalte der Matrix $\mathcal{M}$ in Gedanken durchstreiche. Entsprechend verfahre ich mit dem zweiten und dem dritten Element der ersten Zeile. Das Vorzeichen des zweiten Elements der ersten Zeile wird dabei allerdings geändert (+2 ⇒ -2).

Die Berechnung der zweireihigen Determinanten habe ich in meinem Buch *Lineare Funktionen und Gleichungssysteme* erläutert. Sie ist aber auch hier an diesem Beispiel recht leicht nachvollziehbar.

$$\mathcal{D} = 4 \cdot \begin{vmatrix} 5 & 1 \\ 10 & 1 \end{vmatrix} - 2 \cdot \begin{vmatrix} 25 & 1 \\ 100 & 1 \end{vmatrix} + 1 \cdot \begin{vmatrix} 25 & 5 \\ 100 & 10 \end{vmatrix}$$

$$\mathcal{D} = 4 \cdot (5 \cdot 1 - 10 \cdot 1) - 2 \cdot (25 \cdot 1 - 100 \cdot 1) + 1 \cdot (25 \cdot 10 - 100 \cdot 5)$$

$$\Rightarrow \mathcal{D} = 4 \cdot (-5) - 2 \cdot (-75) + 1 \cdot (-250)$$

$$\Rightarrow \mathcal{D} = -20 + 150 - 250$$

$$\Rightarrow \mathcal{D} = -120$$

Nun geben wir den Determinanten der Matrizen $\mathcal{M}_a$, $\mathcal{M}_b$ und $\mathcal{M}_c$ passende Namen, etwa $\mathcal{D}_a$, $\mathcal{D}_b$ und $\mathcal{D}_c$, und berechnen diese.

$$\mathcal{D}_a = \begin{vmatrix} 4 & 2 & 1 \\ 10 & 5 & 1 \\ 25 & 10 & 1 \end{vmatrix}$$

$$\mathcal{D}_a = 4 \cdot \begin{vmatrix} 5 & 1 \\ 10 & 1 \end{vmatrix} - 2 \cdot \begin{vmatrix} 10 & 1 \\ 25 & 1 \end{vmatrix} + 1 \cdot \begin{vmatrix} 10 & 5 \\ 25 & 10 \end{vmatrix}$$

$$\mathcal{D}_a = 4 \cdot (5 \cdot 1 - 10 \cdot 1) - 2 \cdot (10 \cdot 1 - 25 \cdot 1) + 1 \cdot (10 \cdot 10 - 25 \cdot 5)$$

$$\Rightarrow \mathcal{D}_a = 4 \cdot (-5) - 2 \cdot (-15) + 1 \cdot (-25)$$

$$\Rightarrow \mathcal{D}_a = -20 + 30 - 25$$

$$\Rightarrow \mathcal{D}_a = -15$$

$$\mathcal{D}_b = \begin{vmatrix} 4 & 4 & 1 \\ 25 & 10 & 1 \\ 100 & 25 & 1 \end{vmatrix}$$

$$\mathcal{D}_b = 4 \cdot \begin{vmatrix} 10 & 1 \\ 25 & 1 \end{vmatrix} - 4 \cdot \begin{vmatrix} 25 & 1 \\ 100 & 1 \end{vmatrix} + 1 \cdot \begin{vmatrix} 25 & 10 \\ 100 & 25 \end{vmatrix}$$

$$\mathcal{D}_b = 4 \cdot (10 - 25) - 4 \cdot (25 - 100) + 1 \cdot (625 - 1000)$$

$$\Rightarrow \mathcal{D}_b = -135$$

$$\mathcal{D}_c = \begin{vmatrix} 4 & 2 & 4 \\ 25 & 5 & 10 \\ 100 & 10 & 25 \end{vmatrix}$$

$$\mathcal{D}_c = 4 \cdot \begin{vmatrix} 5 & 10 \\ 10 & 25 \end{vmatrix} - 2 \cdot \begin{vmatrix} 25 & 10 \\ 100 & 25 \end{vmatrix} + 4 \cdot \begin{vmatrix} 25 & 5 \\ 100 & 10 \end{vmatrix}$$

$$\mathcal{D}_c = 4 \cdot (125 - 100) - 2 \cdot (625 - 1000) + 4 \cdot (250 - 500)$$

$$\Rightarrow \mathcal{D}_c = -150$$

Puh, das war langatmiger als ich vorher dachte. Aber jetzt geht es schnell. Wir wenden die *Cramersche Regel* an und berechnen die Parameter a, b und c.

$$a = \frac{\mathcal{D}_a}{D} = \frac{-15}{-120} = 0{,}125$$

$$b = \frac{\mathcal{D}_b}{D} = \frac{-135}{-120} = 1{,}125$$

$$c = \frac{\mathcal{D}_c}{D} = \frac{-150}{-120} = 1{,}25$$

Die Parameterwerte stimmen mit jenen überein, die wir mit dem Additionsverfahren errechnet hatten.

Kommen wir am Ende dieses Kapitels noch zur dritten Möglichkeit, diese Parameterwerte zu berechnen. Ich meine das **Gaußsche Eliminationsverfahren** oder kurz den **Gaußalgorithmus**. Ich gehe aus von dieser Matrix:

$$\begin{pmatrix} 4 & 2 & 1 & | & 4 \\ 25 & 5 & 1 & | & 10 \\ 100 & 10 & 1 & | & 25 \end{pmatrix}$$

Diese Matrix besteht zunächst aus der Koeffizientenmatrix M. Erweitert habe ich diese durch jenen Vektor, durch den wir vorhin nacheinander die Spalten der Matrix M ersetzt hatten. Du erinnerst dich?

Ich verfolge nun das Ziel, diese **erweiterte Koeffizientenmatrix** durch **elementare Zeilenumformungen** in die folgende Gestalt zu bringen:

$$\begin{pmatrix} 1 & 0 & 0 & | & a \\ 0 & 1 & 0 & | & b \\ 0 & 0 & 1 & | & c \end{pmatrix}$$

Wenn wir die Matrix M in die Einheitsmatrix umformen, entstehen rechts die gesuchten Parameterwerte.

$$\begin{pmatrix} 4 & 2 & 1 & | & 4 \\ 25 & 5 & 1 & | & 10 \\ 100 & 10 & 1 & | & 25 \end{pmatrix}$$

Zunächst dividiere ich die erste Zeile durch 4.

$$\Rightarrow \begin{pmatrix} 1 & 0{,}5 & 0{,}25 & | & 1 \\ 25 & 5 & 1 & | & 10 \\ 100 & 10 & 1 & | & 25 \end{pmatrix}$$

Nun subtrahiere ich das 25fache der ersten von der zweiten und das 100fache der ersten von der dritten.

$$\Rightarrow \begin{pmatrix} 1 & 0,5 & 0,25 & | & 1 \\ 0 & -7,5 & -5,25 & | & -15 \\ 0 & -40 & -24 & | & -75 \end{pmatrix}$$

Die erste Spalte ist fertig. Ich dividiere die zweite Zeile durch -7,5.

$$\Rightarrow \begin{pmatrix} 1 & 0,5 & 0,25 & | & 1 \\ 0 & 1 & 0,7 & | & 2 \\ 0 & -40 & -24 & | & -75 \end{pmatrix}$$

Ich subtrahiere das 0,5fache der zweiten von der ersten und addiere das 40fache der zweiten zur dritten.

$$\Rightarrow \begin{pmatrix} 1 & 0 & -0,1 & | & 0 \\ 0 & 1 & 0,7 & | & 2 \\ 0 & 0 & 4 & | & 5 \end{pmatrix}$$

Die zweite Spalte ist fertig. Ich dividiere die dritte Zeile durch 4.

$$\Rightarrow \begin{pmatrix} 1 & 0 & -0,1 & | & 0 \\ 0 & 1 & 0,7 & | & 2 \\ 0 & 0 & 1 & | & 1,25 \end{pmatrix}$$

Ich addiere das 0,1fache der dritten zur ersten und subtrahiere das 0,7fache der dritten von der zweiten.

$$\Rightarrow \begin{pmatrix} 1 & 0 & 0 & | & 0,125 \\ 0 & 1 & 0 & | & 1,125 \\ 0 & 0 & 1 & | & 1,25 \end{pmatrix}$$

Die dritte Spalte ist fertig. In der vierten Spalte stehen die Parameterwerte a, b und c.

Funktion XI

Ich denke, den Gaußalgorithmus können wir ruhig nochmal üben. Den wirst du immer mal wieder brauchen. Nicht nur hier im Bereich der Analysis, sondern auch in der analytischen Geometrie, die sich mit Vektoren, Geraden und Ebenen und deren Beziehungen beschäftigt. Ich gebe also wieder 3 Punkte vor (die nicht auf einer einzigen Geraden liegen):

$$P_1(-3|4) \text{ und } P_2(1|3) \text{ und } P_3(5|10)$$

Wir benutzen die allgemeine Form einer quadratischen Funktion und stellen das Gleichungssystem auf.

$$f: f(x) = y = ax^2 + bx + c$$

$$P_1(-3|4) \Rightarrow 9a - 3b + c = 4$$

$$P_2(1|3) \Rightarrow a + b + c = 3$$

$$P_3(5|10) \Rightarrow 25a + 5b + c = 10$$

Mit diesem System erhalten wir die zugehörige erweiterte Koeffizientenmatrix.

$$\begin{pmatrix} 9 & -3 & 1 & | & 4 \\ 1 & 1 & 1 & | & 3 \\ 25 & 5 & 1 & | & 10 \end{pmatrix}$$

Es folgen die elementaren Zeilenumformungen.

In der zweiten Zeile haben wir an erster Position bereits eine 1 stehen. Daher vertausche ich die erste Zeile mit der zweiten Zeile.

$$\Rightarrow \begin{pmatrix} 1 & 1 & 1 & 3 \\ 9 & -3 & 1 & 4 \\ 25 & 5 & 1 & 10 \end{pmatrix}$$

Dies bedeutet aber **nicht**, dass wir damit auch die Reihenfolge der Parameter a und b vertauscht hätten. Dies würde dann geschehen, wenn wir die erste Spalte mit der zweiten Spalte vertauschen würden. Aber so etwas machen wir nicht. Unsere Umformungen beziehen sich stets auf die Zeilen. Nun subtrahiere ich das 9fache der ersten Zeile von der zweiten und das 25fache der ersten von der dritten.

$$\Rightarrow \begin{pmatrix} 1 & 1 & 1 & 3 \\ 0 & -12 & -8 & -23 \\ 0 & -20 & -24 & -65 \end{pmatrix}$$

Die erste Spalte ist fertig. Ich dividiere die zweite Zeile durch -12.

$$\Rightarrow \begin{pmatrix} 1 & 1 & 1 & 3 \\ 0 & 1 & 0,\overline{6} & 1,91\overline{6} \\ 0 & -20 & -24 & -65 \end{pmatrix}$$

Ich subtrahiere die zweite Zeile von der ersten und addiere das 20fache der zweiten zur dritten.

$$\Rightarrow \begin{pmatrix} 1 & 0 & 0,\overline{3} & 1,08\overline{3} \\ 0 & 1 & 0,\overline{6} & 1,91\overline{6} \\ 0 & 0 & -10,\overline{6} & -26,\overline{6} \end{pmatrix}$$

Die zweite Spalte ist fertig. Überlege kurz, was jetzt kommt ... ja, wir dividieren die dritte Zeile durch $-10,\overline{6}$.

$$\Rightarrow \begin{pmatrix} 1 & 0 & 0,\overline{3} & | & 1,08\overline{3} \\ 0 & 1 & 0,\overline{6} & | & 1,91\overline{6} \\ 0 & 0 & 1 & | & 2,5 \end{pmatrix}$$

Wir subtrahieren das $0,\overline{3}$fache der dritten von der ersten und das $0,\overline{6}$fache der dritten von der zweiten.

$$\Rightarrow \begin{pmatrix} 1 & 0 & 0 & | & 0,25 \\ 0 & 1 & 0 & | & 0,25 \\ 0 & 0 & 1 & | & 2,5 \end{pmatrix}$$

Die dritte Spalte ist fertig. In der vierten Spalte stehen die Parameterwerte a, b und c. Wir haben also jene Parabel gefunden, deren Graph die ausgewählten Punkte $P_1(-3|4)$ und $P_2(1|3)$ und $P_3(5|10)$ enthält. Die zugehörige Funktionsgleichung lautet:

$$f: f(x) = y = 0{,}25x^2 + 0{,}25x + 2{,}5$$

Na dann, wo wir das jetzt geschafft haben, können wir wieder eine Reihe von Aufgaben bearbeiten. Die **erste Aufgabe**, die ich dir stelle, ist die, dass du diese Funktionsgleichung bitte in die Scheitelpunktform umformst. Und zwar mit der *quadratischen Ergänzung*. Ja, ich weiß, das liegt schon ein wenig weit zurück. Aber du kannst gern weiter vorn im Buch nachschlagen und nochmal nachsehen, wie es gemacht wird.

Ich selbst mache das so.

$$f: f(x) = y = 0{,}25x^2 + 0{,}25x + 2{,}5$$

Faktor 0,25 ausklammern.

$$\Rightarrow f: f(x) = y = 0{,}25(x^2 + x + 10)$$

Quadratische Ergänzung vornehmen.

$$\Rightarrow f: f(x) = y = 0{,}25(x^2 + x + 0{,}5^2 - 0{,}5^2 + 10)$$

1. binomische Formel anwenden.

$$\Rightarrow f: f(x) = y = 0{,}25((x + 0{,}5)^2 + 9{,}75)$$

Äußere Klammer ausmultiplizieren.

$$\Rightarrow f: f(x) = y = 0{,}25(x + 0{,}5)^2 + 2{,}4375$$

Fertig ist das Mondgesicht. Äh, die Scheitelpunktform.

In der **zweiten Übung** geht es darum, dass du sowohl die Koordinaten des Scheitelpunktes und des Brennpunktes angibst beziehungsweise bestimmst als auch die Gleichung der Leitlinie berechnest.

Nun, den Scheitelpunkt können wir direkt ablesen.

$$S(-0{,}5 | 2{,}4375)$$

Der Brennpunkt geht aus diesem hervor.

$$S(d|e) \Rightarrow F\left(d \,\middle|\, e + \frac{1}{4a}\right)$$

$$S(-0{,}5|2{,}4375) \Rightarrow F\left(-0{,}5 \Big| 2{,}4375 + \frac{1}{4\bullet0{,}25}\right)$$

$$\Rightarrow F(-0{,}5|3{,}4375)$$

Erinnern wir uns, wie wir die Gleichung der Leitlinie bildeten. Für diese gilt $y = e - \frac{1}{4a} = 2{,}4375 - \frac{1}{4\bullet0{,}25}$.

$$\Rightarrow l\colon y = 1{,}4375$$

Dritte Aufgabe. Erstelle eine Wertetabelle für das Intervall [-3 ; 3,5] mit der Schrittweite 0,5. Also für die Argumente -3 und -2,5 und so weiter bis 3,5.

x	-3	-2,5	-2	-1,5	-1	-0,5	0
y	4	3,4375	3	2,6875	2,5	2,4375	2,5
x	0,5	1	1,5	2	2,5	3	3,5
y	2,6875	3	3,4375	4	4,6875	5,5	6,4375

Vierte Aufgabe. Welche beiden Parabelpunkte P und Q haben jeweils den Abstand FP = FQ = 5 vom Brennpunkt F ? Es ist wieder in deinem Interesse, zunächst selbst zu überlegen, wie du diese Aufgabe angehen möchtest. Erinnere dich, was wir über die Abstände der Parabelpunkte vom Brennpunkt und von der Leitlinie in diesem Buch festgehalten haben. Mit diesem Hinweis müsstest du die Lösung finden können.

Ich hoffe, du hast die gesuchten Parabelpunkte gefunden!? Vielleicht bist du so vorgegangen: Du hast dir überlegt, dass ein Punkt, der vom Brennpunkt den Abstand 5 hat, demnach auch von der Leitlinie diesen Abstand 5 haben muss. Denn genau das ist der springende Punkt an dieser Sache. Du hast dann entweder in der Wertetabelle nachgesehen und entdeckt, dass die y-Koordinate des Punktes $P(3,5|6,4375)$ ja gerade um 5 Einheiten über dem Wert y = 1,4375 liegt und somit dieser Punkt schon einmal den geforderten Abstand sowohl von der Leitlinie als auch vom Brennpunkt hat. Oder du hast dir überlegt, dass die Parabel nach oben geöffnet ist, somit die Leitlinie unter der Parabel liegt und daher die gesuchten Punkte die y-Koordinate 6,4375 haben müssen. Dann hast du diesen Wert für das y in der Funktionsgleichung eingesetzt und nach Anwendung der p-q-Formel die beiden x-Koordinaten der gesuchten Punkte erhalten.

Da wir schon eine x-Koordinate haben, die 3,5 des Punktes P, muss demnach die x-Koordinate des Punktes Q -4,5 sein. Dies ergibt sich aus der Symmetrie der Funktion f. Der Scheitelpunkt hat ja die x-Koordinate -0,5. Dieser Wert liegt genau in der Mitte zwischen -4,5 und 3,5. Als Ergebnis erhalten wir also die beiden Punkte $P(3,5|6,4375)$ und $Q(-4,5|6,4375)$.

Die **fünfte Übung** ist vielleicht nicht ganz einfach. Ermittle die Gleichung einer Tangente an den Graphen der Funktion f, die eine positive Steigung besitzt und die Abszisse an der Stelle x = -3 schneidet. Bestimme auch die Koordinaten des Berührpunkts B.

Der Berührpunkt B dürfte auch der Schlüssel zur Lösung dieses Problems darstellen. Dieser Punkt muss sowohl auf der Parabel als auch auf der Geraden (Tangente) liegen. Zudem muss die Steigung der Parabel in diesem Punkt mit der Steigung der Geraden übereinstimmen. Mathematisch können wir diese beiden Bedingungen durch Gleichungen ausdrücken.

$$f(x_B) = t(x_B)$$

$$f'(x_B) = t'(x_B)$$

Wir benötigen also die 1. Ableitungsfunktion f':

$$f: f(x) = y = 0{,}25x^2 + 0{,}25x + 2{,}5$$

$$\Rightarrow f': f'(x) = y' = 0{,}5x + 0{,}25$$

Ausführlicher gestalten sich die Gleichungen nun so:

$$f(x_B) = 0{,}25x_B^2 + 0{,}25x_B + 2{,}5 = mx_B + n = t(x_B)$$

$$f'(x_B) = 0{,}5x_B + 0{,}25 = m = t'(x_B)$$

Einsetzen der zweiten Gleichung in die erste liefert:

* $\quad 0{,}25x_B^2 + 0{,}25x_B + 2{,}5 = (0{,}5x_B + 0{,}25)\, x_B + n \quad$ *

Nun haben wir eine Gleichung erhalten, in der aber zwei Unbekannte auftreten. Wir kennen weder x_B noch kennen wir den Achsenabschnitt n. Also eine ausweglose Situation? Ich denke nicht. Es wird wohl hilfreich sein, wenn wir uns das ganze mal aus der Nähe ansehen. Zeichne bitte die Funktion f und zeichne auch skizzenhaft die Tangente ein. Ich mache das hier auch.

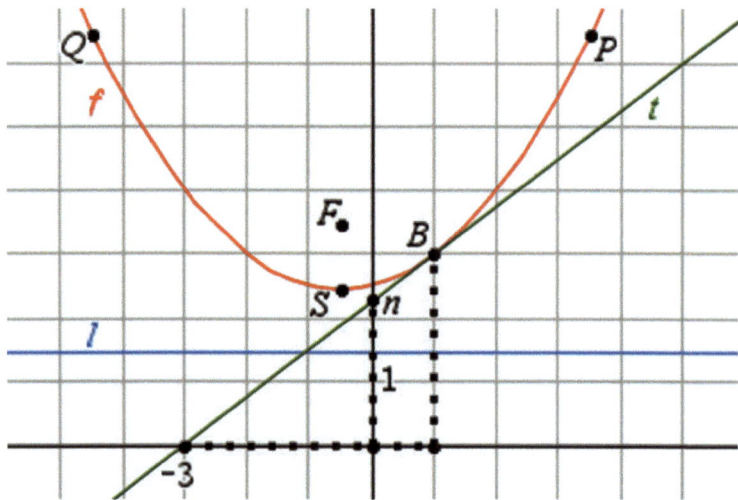

Wir sehen eine *Strahlensatzfigur*, an der jene Unbekannten x_B und n beteiligt sind. Mit dem *2. Strahlensatz* bekommen wir diese Verhältnisgleichung:

$$\frac{y_B}{n} = \frac{3+x_B}{3}$$

Hey, jetzt haben wir auch noch y_B am Hals. Das führt doch zu nichts.

Nun, das y_B können wir aber durch x_B ausdrücken:

$y_B = f(x_B) = t(x_B) = mx + n = (0{,}5x_B + 0{,}25)\,x_B + n$

Dies setze ich in jene Verhältnisgleichung ein:

$$\frac{y_B}{n} = \frac{3 + x_B}{3}$$

$$\Rightarrow \frac{(0{,}5x_B + 0{,}25)\,x_B + n}{n} = \frac{3 + x_B}{3}$$

Multiplikation mit 3n.

$$3\big((0{,}5x_B + 0{,}25)\,x_B + n\big) = n(3 + x_B)$$

$$\Rightarrow 3(0{,}5x_B + 0{,}25)\,x_B + 3n = 3n + nx_B$$

$$** \quad \Rightarrow 1{,}5x_B{}^2 + 0{,}75x_B = nx_B \quad **$$

Rechnerisch möglich wäre hier $x_B = 0$. Setzt man diesen Wert in das obige Gleichungssystem ein, erhält man schließlich eine Geradengleichung einer Tangente an den Graphen von f, die aber die Abszisse **nicht** an der Stelle x = -3 schneidet:

$$0{,}25x_B{}^2 + 0{,}25x_B + 2{,}5 = mx_B + n$$

$$0{,}5x_B + 0{,}25 = m$$

Einsetzung von $x_B = 0$ liefert m = 0,25 und n = 2,5.

Die Gerade mit der Gleichung y = 0,25x + 2,5 tangiert zwar den Graphen von f im Berührpunkt $SY(0\,|\,2{,}5)$, aber sie hat nicht die Nullstelle -3.

Folglich muss x_B ungleich 0 sein. Daher rechne ich mit der obigen Gleichung ** weiter.

$$1{,}5x_B^2 + 0{,}75x_B = nx_B$$

Da nun also x_B nicht 0 ist, dürfen wir durch x_B teilen.

$$\Rightarrow 1{,}5x_B + 0{,}75 = n$$

Genau das brauchten wir. Wir wissen nun, was das n ist, ausgedrückt durch x_B. Dieses Resultat verwerten wir natürlich in der weiter oben gefundenen Gleichung *, die aus dem anfänglichen Gleichungssystem resultierte. Ich schreibe diese Gleichung zur Erinnerung hier erst nochmal auf. Dann erfolgt sogleich die Einsetzung.

$$0{,}25x_B^2 + 0{,}25x_B + 2{,}5 = (0{,}5x_B + 0{,}25)\,x_B + n$$

$$0{,}25x_B^2 + 0{,}25x_B + 2{,}5 = (0{,}5x_B + 0{,}25)\,x_B + 1{,}5x_B + 0{,}75$$

$$\Rightarrow -0{,}25x_B^2 - 1{,}5x_B + 1{,}75 = 0$$

$$\Rightarrow x_B^2 + 6x_B - 7 = 0$$

$$\Rightarrow x_{B1} = -7 \text{ und } x_{B2} = 1$$

Da die Tangente eine positive Steigung haben soll, kommt (siehe Zeichnung) nur $x_B = 1$ in Frage. Setzt du schließlich $x_B = 1$ in das anfängliche Gleichungssystem ein, erhältst du die Tangentengleichung und Punkt B.

$$t: t(x) = y = 0{,}75x + 2{,}25 \text{ und } B(1|3)$$

Diese Übung war, in der Tat, nicht ganz einfach.

Funktion XII

In diesem Kapitel machen wir uns wieder auf die Suche nach einer Funktionsgleichung. Die Funktion f dieses Kapitels soll folgende Bedingungen erfüllen.

✓ $P(-5|-2) \in \text{Graph}(f)$
✓ Parabelsteigung in $P(-5|-2)$ = 3
✓ Nullstelle x = 4

Die erste Bedingung besagt, dass der Punkt $P(-5|-2)$ auf der Parabel liegen soll. Als Gleichung formulieren wir diese Bedingung wie folgt (allgemeine Form).

$$f(-5) = a \cdot (-5)^2 + b \cdot (-5) + c = -2$$

$$\Rightarrow 25a - 5b + c = -2$$

Für die zweite Bedingung bilden wir die 1. Ableitung.

$$f: f(x) = ax^2 + bx + c$$

$$\Rightarrow f': f'(x) = 2ax + b$$

$$\Rightarrow f'(-5) = 2a \cdot (-5) + b = 3$$

$$\Rightarrow -10a + b = 3$$

Schließlich noch die Gleichung der dritten Bedingung.

$$f(4) = a \cdot 4^2 + b \cdot 4 + c = 0$$

$$\Rightarrow 16a + 4b + c = 0$$

Wenn ich mich nicht irre, dann haben wir jetzt 3 Gleichungen in 3 Variablen, ein System, das wir mit dem Gaußalgorithmus lösen werden.

$$25a - 5b + c = -2$$

$$-10a + b = 3$$

$$16a + 4b + c = 0$$

Erweiterte Koeffizientenmatrix.

$$\left(\begin{array}{ccc|c} 25 & -5 & 1 & -2 \\ -10 & 1 & 0 & 3 \\ 16 & 4 & 1 & 0 \end{array} \right)$$

Ich dividiere die erste Zeile durch 25.

$$\Rightarrow \left(\begin{array}{ccc|c} 1 & -0,2 & 0,04 & -0,08 \\ -10 & 1 & 0 & 3 \\ 16 & 4 & 1 & 0 \end{array} \right)$$

Addition des 10fachen der ersten zur zweiten und Subtraktion des 16fachen der ersten von der dritten.

$$\Rightarrow \left(\begin{array}{ccc|c} 1 & -0,2 & 0,04 & -0,08 \\ 0 & -1 & 0,4 & 2,2 \\ 0 & 7,2 & 0,36 & 1,28 \end{array} \right)$$

Die erste Spalte ist fertig. Nun dividiere ich die zweite Zeile durch -1.

$$\Rightarrow \left(\begin{array}{ccc|c} 1 & -0,2 & 0,04 & -0,08 \\ 0 & 1 & -0,4 & -2,2 \\ 0 & 7,2 & 0,36 & 1,28 \end{array} \right)$$

Addition des 0,2fachen der zweiten zur ersten, Subtraktion des 7,2fachen der zweiten von der dritten.

$$\Rightarrow \begin{pmatrix} 1 & 0 & -0,04 & | & -0,52 \\ 0 & 1 & -0,4 & | & -2,2 \\ 0 & 0 & 3,24 & | & 17,12 \end{pmatrix}$$

Zweite Spalte auch fertig. Division der dritten Zeile durch 3,24.

$$\Rightarrow \begin{pmatrix} 1 & 0 & -0,04 & | & -0,52 \\ 0 & 1 & -0,4 & | & -2,2 \\ 0 & 0 & 1 & | & \frac{428}{81} \end{pmatrix}$$

Addition des 0,04fachen der dritten zur ersten und Addition des 0,4fachen der dritten zur zweiten.

$$\Rightarrow \begin{pmatrix} 1 & 0 & 0 & | & -\frac{25}{81} \\ 0 & 1 & 0 & | & -\frac{7}{81} \\ 0 & 0 & 1 & | & \frac{428}{81} \end{pmatrix}$$

Dritte Spalte fertig und Gleichungssystem gelöst.

$$\Rightarrow a = -\frac{25}{81} \text{ und } b = -\frac{7}{81} \text{ und } c = \frac{428}{81}$$

$$\Rightarrow f\colon f(x) = -\frac{25}{81} x^2 - \frac{7}{81} x + \frac{428}{81}$$

Die gesuchte Parabel ist gefunden. Diese (eindeutig bestimmte) Parabel erfüllt jene 3 Bedingungen, die wir anfänglich formuliert hatten.

Die erste Bedingung war:

$$P(-5|-2) \in \text{Graph}(f)$$

Wir überprüfen das.

$$f(-5) = -\frac{25}{81} \cdot (-5)^2 - \frac{7}{81} \cdot (-5) + \frac{428}{81}$$

$$\Rightarrow f(-5) = -\frac{625}{81} + \frac{35}{81} + \frac{428}{81} = -\frac{162}{81} = -2$$

Die zweite Bedingung war:

$$\text{Parabelsteigung in } P(-5|-2) = 3$$

Wir überprüfen auch das.

$$f'(-5) = 2a \cdot (-5) + b$$

$$\Rightarrow f'(-5) = 2 \cdot (-\frac{25}{81}) \cdot (-5) + (-\frac{7}{81})$$

$$\Rightarrow f'(-5) = \frac{250}{81} - \frac{7}{81} = \frac{243}{81} = 3$$

Die dritte Bedingung war:

$$\text{Nullstelle } x = 4$$

Wir überprüfen auch das.

$$f(4) = -\frac{25}{81} \cdot 4^2 - \frac{7}{81} \cdot 4 + \frac{428}{81}$$

$$\Rightarrow f(4) = -\frac{400}{81} - \frac{28}{81} + \frac{428}{81} = \frac{0}{81} = 0$$

Alles Spaghetti. Äh. Alles paletti.

Was kommt jetzt?

$$f: f(x) = -\frac{25}{81}x^2 - \frac{7}{81}x + \frac{428}{81}$$

Bisher haben wir die Nullstellen einer solchen Funktion in allgemeiner Form mit der p-q-Formel berechnet. Daher war es stets erforderlich, zunächst durch den Parameter a zu dividieren, um den Funktionsterm auf Normalform zu bringen.

Dies ist aber nicht unbedingt notwendig. Wir können uns eine Formel herleiten, nennen wir sie a-b-c-Formel, die die Berechnung der Nullstellen direkt aus den Parametern a, b und c ermöglicht.

Wir gehen aus von der (unbestimmten) quadratischen Funktion in allgemeiner Form:

$$y = ax^2 + bx + c = 0$$

Wir teilen durch a.

$$\Rightarrow x^2 + \frac{b}{a}x + \frac{c}{a} = 0$$

Subtraktion von $\frac{c}{a}$.

$$\Rightarrow x^2 + \frac{b}{a}x = -\frac{c}{a}$$

Quadratische Ergänzung.

$$\Rightarrow x^2 + \frac{b}{a}x + \left(\frac{b}{2a}\right)^2 = \left(\frac{b}{2a}\right)^2 - \frac{c}{a}$$

1. binomische Formel.

$$\Rightarrow \left(x + \frac{b}{2a}\right)^2 = \left(\frac{b}{2a}\right)^2 - \frac{c}{a}$$

Quadratwurzel.

$$\Rightarrow x + \frac{b}{2a} = \pm \sqrt{\left(\frac{b}{2a}\right)^2 - \frac{c}{a}}$$

Subtraktion von $\frac{b}{2a}$.

$$\Rightarrow x_{1,2} = -\frac{b}{2a} \pm \sqrt{\left(\frac{b}{2a}\right)^2 - \frac{c}{a}}$$

So könnte man das schon stehenlassen. Ich forme aber noch ein wenig weiter um.

$$\Rightarrow x_{1,2} = -\frac{b}{2a} \pm \sqrt{\frac{b^2}{4a^2} - \frac{4ac}{4a^2}}$$

$$\Rightarrow x_{1,2} = -\frac{b}{2a} \pm \sqrt{\frac{b^2 - 4ac}{4a^2}}$$

$$\Rightarrow x_{1,2} = -\frac{b}{2a} \pm \frac{\sqrt{b^2 - 4ac}}{2a}$$

$$\Rightarrow x_{1,2} = \frac{-b \pm \sqrt{b^2 - 4ac}}{2a}$$

So gefällt mir das ganz gut. Diese Darstellung nenne ich nun in diesem Buch die a-b-c-Formel. Angewendet auf unsere Funktion f erhalten wir:

$$x_1 = \frac{-\left(-\frac{7}{81}\right) + \sqrt{\left(-\frac{7}{81}\right)^2 - 4 \bullet \left(-\frac{25}{81}\right) \bullet \frac{428}{81}}}{2 \bullet \left(-\frac{25}{81}\right)} = -4{,}28$$

$$x_2 = \frac{-\left(-\frac{7}{81}\right) - \sqrt{\left(-\frac{7}{81}\right)^2 - 4 \bullet \left(-\frac{25}{81}\right) \bullet \frac{428}{81}}}{2 \bullet \left(-\frac{25}{81}\right)} = 4$$

Die Funktion f besitzt die Nullstellen - 4,28 und 4.

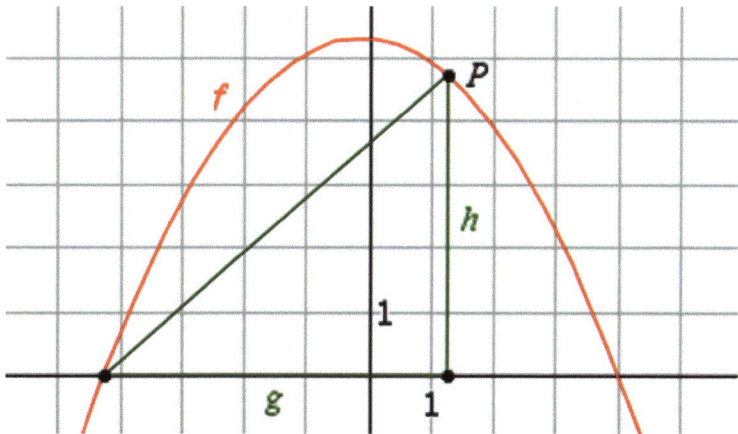

Wir sehen die Abbildung des Graphen der Funktion f. Die Funktion f besitzt die Nullstellen - 4,28 und 4.

Zusätzlich habe ich einen Punkt P der Parabel über dem Intervall] - 4,28 ; 4 [markiert. Ich möchte mit dir untersuchen, welche Koordinaten der Parabelpunkt P haben muss, damit die Fläche jenes eingezeichneten Dreiecks einen maximalen Flächeninhalt besitzt.

Eine solche Aufgabe wird gemeinhin als Extremwertaufgabe bezeichnet. Wir suchen ein Extremum. In diesem Fall ein Maximum. Je nachdem, wo wir den Punkt P einzeichnen, entsteht ein Dreieck mit einem bestimmten Flächeninhalt. Zu verschiedenen Punkten gehören verschiedene Dreiecke mit zumeist unterschiedlichen Flächeninhalten. Wir suchen das Dreieck, dessen Dreiecksfläche möglichst groß ist.

Wie gehen wir's an? Nun, da eine Dreiecksfläche maximal werden soll, schreibe ich jene Formel auf, mit der man gewöhnlich Dreiecksflächen berechnet.

$$A_{Dreieck} = \frac{g \cdot h}{2}$$

Wenn es eine Formel gibt, die beinahe jeder Schüler fast im Schlaf beherrscht, dann ist es diese Dreiecksformel, g (Grundseite) mal h (Höhe) durch 2. Nun enthält diese Formel zwei Variablen, das g und das h. Gut wäre es, wenn wir eine dieser beiden durch die andere ausdrücken könnten oder auch beide durch eine dritte Variable.

Diese dritte Variable könnte das x der Funktion f sein. Denn irgendwie müssen g und h ja mit x zusammenhängen. Denn der Punkt P ist stets ein Parabelpunkt der Funktion f. Schauen wir uns die Abbildung nochmal genau an. Nehmen wir doch mal die Dreiecksseite, die auf der Abszisse liegt, als Grundseite g. Dann gilt:

$$g = x_P + 4{,}28$$

Ich denke, das ist trivial, daher muss ich nichts weiter dazu schreiben. Die zur Grundseite g senkrechte Dreiecksseite bildet die Höhe h des Dreiecks. Für diese Höhe gilt ebenso trivialerweise:

$$h = f(x_P) = -\frac{25}{81} x_P^2 - \frac{7}{81} x_P + \frac{428}{81}$$

Mit diesen Gleichungen können wir obige Flächenformel nun mit der Variable x_P schreiben:

$$A_{\text{Dreieck}} = \frac{(x_P + 4{,}28)\bullet\left(-\frac{25}{81}x_P^2 - \frac{7}{81}x_P + \frac{428}{81}\right)}{2}$$

$$\Rightarrow A_{\text{Dreieck}} = \frac{-\frac{25}{81}x_P^3 - \frac{7}{81}x_P^2 + \frac{428}{81}x_P - \frac{107}{81}x_P^2 - \frac{749}{2025}x_P + \frac{45796}{2025}}{2}$$

$$\Rightarrow A_{\text{Dreieck}} = \frac{-\frac{25}{81}x_P^3 - \frac{114}{81}x_P^2 + \frac{3317}{675}x_P + \frac{45796}{2025}}{2}$$

$$\Rightarrow A_{\text{Dreieck}} = -\frac{25}{162}x_P^3 - \frac{57}{81}x_P^2 + \frac{3317}{1350}x_P + \frac{22898}{2025}$$

$$\Rightarrow A_{\text{Dreieck}} = -\frac{625}{4050}x_P^3 - \frac{2850}{4050}x_P^2 + \frac{9951}{4050}x_P + \frac{45796}{4050}$$

Ich hoffe, du störst dich nicht an den Brüchen. Man hat es eben nicht immer mit ganzen Zahlen zu tun. Erreicht haben wir, dass wir den Flächeninhalt des Dreiecks nun in Abhängigkeit von x_P, der x-Koordinate des Punktes P, vor uns haben.

Die Frage ist jetzt, für welches $-4{,}28 < x_P < 4$ die Fläche des Dreiecks maximal wird. Wie finden wir diesen Wert?

Erinnern wir uns. Wir suchen ein Extremum, ein Maximum. Da ist es doch naheliegend, nach einem Hochpunkt des Graphen der Flächenfunktion A_{Dreieck} über dem betreffenden Intervall zu suchen.

Wir wissen zwar nicht, wo dieser Hochpunkt liegt, aber wir wissen, dass der Graph der Flächenfunktion dort die Steigung 0 hat. Es muss also gelten:

$$A'_{\text{Dreieck}}(x_P) = 0$$

Wenn das klar ist, machen wir uns an die Arbeit, indem wir die Funktion A_{Dreieck} ableiten und 0 setzen.

$$A_{\text{Dreieck}}(x_P) = -\frac{625}{4050}x_P^3 - \frac{2850}{4050}x_P^2 + \frac{9951}{4050}x_P + \frac{45796}{4050}$$

$$\Rightarrow A'_{\text{Dreieck}}(x_P) = -\frac{1875}{4050}x_P^2 - \frac{5700}{4050}x_P^1 + \frac{9951}{4050} = 0$$

Division durch $-\frac{1875}{4050}$.

$$\Rightarrow x_P^2 + 3{,}04x_P - 5{,}3072 = 0$$

Anwendung der p-q-Formel.

$$\Rightarrow x_{P1} = -4{,}28 \text{ und } x_{P2} = 1{,}24$$

Wir haben zwei Werte gefunden, für welche der Flächeninhalt des Dreiecks extremal wird. Ich setze sie in die Flächenfunktion ein.

$$A_{\text{Dreieck}}(-4{,}28) = 0 \text{ FE und } A_{\text{Dreieck}}(1{,}24) \approx 12{,}98 \text{ FE}$$

Offenbar haben wir für $x_{P2} = 1{,}24$ den maximalen Flächeninhalt des Dreiecks gefunden. Dieser beträgt knapp 13 Flächeneinheiten. Der Parabelpunkt P hat die Koordinaten $P(1{,}24|4{,}70\overline{2})$. Genau an dieser Stelle habe ich nun in der Zeichnung den Punkt P (nachträglich) eingezeichnet. Größer geht das Dreieck nimmer.

Funktion XIII

Die Parabel der quadratischen Funktion f habe den Brennpunkt $F(3|2)$ und die Leitlinie l: $y = 4$.

Wie lautet die Funktionsgleichung der Funktion f in Scheitelpunktform?

Mit den Kenntnissen, die wir in diesem Buch erworben haben, können wir diese Gleichung sofort hinschreiben. Denn mit F und l kennen wir auch den Scheitelpunkt S. Dessen x-Koordinate stimmt überein mit derjenigen des Brennpunkts F. Also $x_S = x_F = 3$.

Die y-Koordinate des Scheitelpunktes aber muss auch $y_S = 3$ sein, da der Scheitelpunkt vertikal mittig zwischen Brennpunkt und Leitlinie liegt. Daher berechne Ich das arithmetische Mittel der y-Koordinate $y_F = 2$ des Brennpunkts F und der y-Koordinate $y = 4$ der Leitlinie l.

$$y_S = \frac{2+4}{2} = 3$$

$$\Rightarrow S(3|3)$$

An früherer Stelle bereits hatten wir den Zusammenhang erkannt, dass $y_F - y_S = 2 - 3 = -1 = \frac{1}{4a}$.

$$\Rightarrow a = -0{,}25$$

Nun haben wir alle Parameter der Scheitelpunktform beisammen und können diese daher formulieren.

$$f: f(x) = y = -0,25(x - 3)^2 + 3$$

Können wir die Parabel der Funktion nun bereits, zumindest grob, zeichnen? Ja, können wir. Dazu nehmen wir den Scheitelpunkt als Ausgangspunkt.

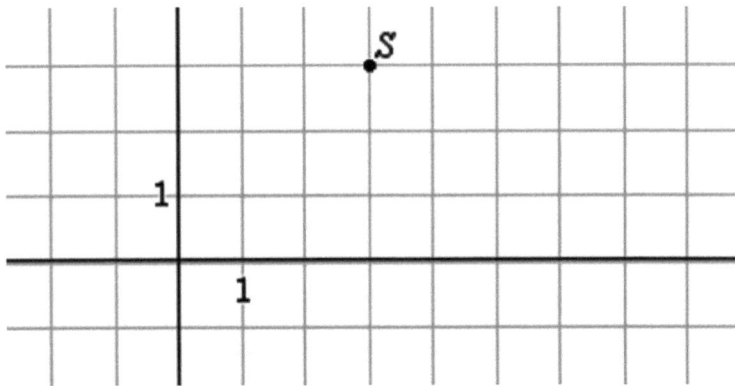

Hätten wir es mit der Normalparabel zu tun, wäre also a = 1, würden wir von dort

1 Einheit nach **rechts** und dann 1^2 = 1 Einheit nach **oben**

gehen und zu einem weiteren Punkt der Parabel gelangen. Entsprechend gingen wir auch

1 Einheit nach **links** und dann 1^2 = 1 Einheit nach **oben**

und gelangten auch dort zu einem weiteren Punkt der Parabel.

Danach gingen wir, ausgehend vom Scheitelpunkt,

2 Einheiten nach **rechts** und 2^2 = 4 Einheiten nach **oben**

und entsprechend

2 Einheiten nach **links** und 2^2 = 4 Einheiten nach **oben**.

Hätten wir es mit einer an der Abszisse gespiegelten Normalparabel zu tun, wäre also a = -1, so gingen wir in derselben Weise vor, nur mit dem Unterschied, dass wir jeweils nicht nach oben, sondern nach unten gingen, um zu weiteren Punkten der Parabel zu gelangen.

Nun gilt aber a = - 0,25. Wir müssen also stets nach unten gehen. Denn die Parabel ist nach unten geöffnet.

Wie viele Einheiten aber gehen wir nach unten?

Die Anzahl der Einheiten, die wir nach unten gehen, ergibt sich, indem wir jene Anzahl, die wir nach unten gingen, wenn a = -1 wäre, mit 0,25 multiplizieren.

Gehen wir also 1 Einheit nach rechts und links, gehen wir $0,25 \cdot 1^2$ = 0,25 Einheiten nach unten.

Gehen wir 2 Einheiten nach rechts und links, so gehen wir $0,25 \cdot 2^2$ = 1 Einheit nach unten.

Gehen wir 3 Einheiten nach rechts und links, so gehen wir $0,25 \cdot 3^2$ = 2,25 Einheiten nach unten.

Und so weiter.

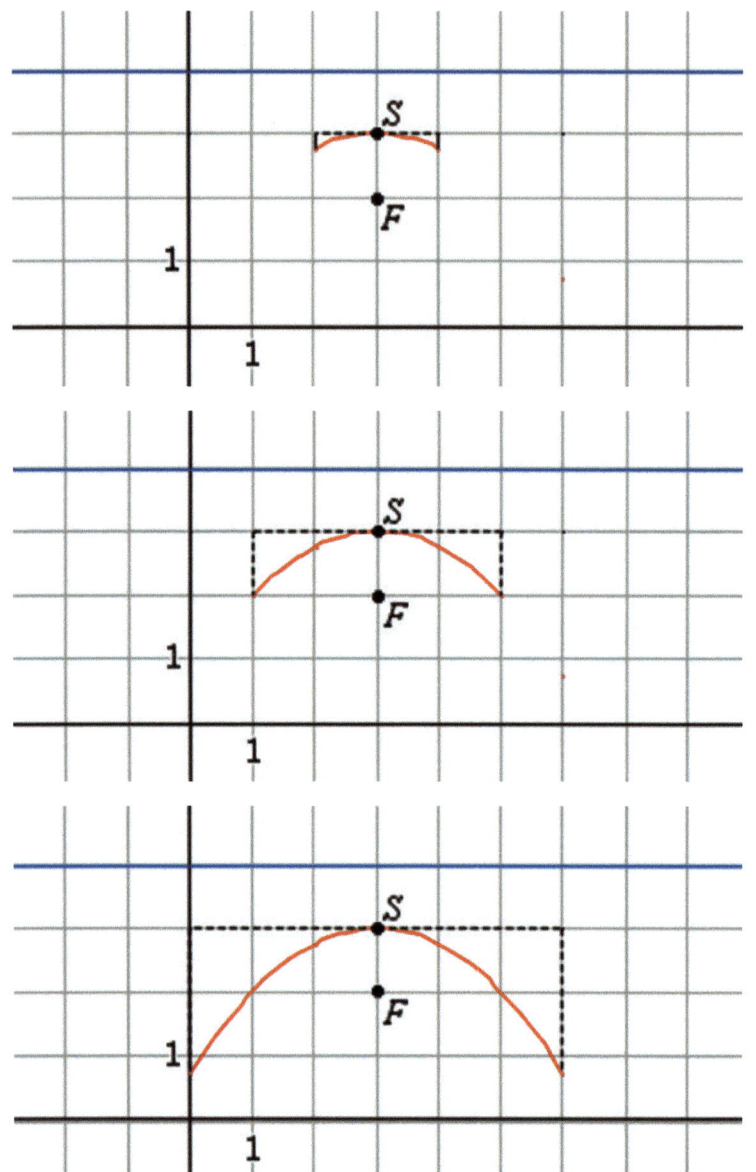

Nachfolgend zeichnen wir die Parabel der Funktion f. Zudem zeichne ich eine weitere Gerade g ein, parallel zur Abszisse. Ich möchte mit dir der Frage nachgehen, in welcher Höhe die Gerade g verlaufen muss, damit durch diese jene Fläche zwischen der Parabel und der Abszisse in zwei gleich große Teilflächen zerlegt wird.

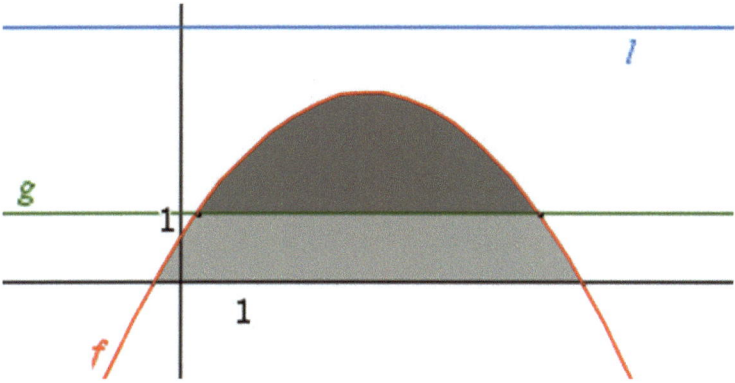

Mit dieser Aufgabe betreten wir insofern Neuland, da wir bisher noch nicht Flächen zwischen Funktionsgraphen berechneten. Mein Plan ist folgender. Wir nennen die obere (dunklere) Teilfläche A_T. A_T liegt zwischen der Parabel und der Geraden g. Die Gesamtfläche zwischen Parabel und Abszisse nennen wir A.

Dann fordern wir, dass gilt:

$$A = 2A_T$$

Klar, oder? Wenn das nämlich gilt, haben wir genau das, was wir wollen. Die beiden Teilflächen sind gleich groß.

Das ist der Plan. So wird's gemacht.

Schauen wir uns die Flächen A und A_T genauer an. Wie können wir die Berechnungsweise dieser Flächen zum Ausdruck bringen? Wir brauchen geeignete Terme, die wir dann einander gleichsetzen können.

Ich beginne mit der Gesamtfläche A. Mit solchen Berechnungen kennen wir uns ja schon ein wenig aus. Um den Flächeninhalt der Fläche zwischen der Parabel und der Abszisse zu bestimmen, benötigen wir die Nullstellen der Parabel. Das erledigen wir erst einmal.

$$f: f(x) = y = -0{,}25(x - 3)^2 + 3$$

Mit der a-d-e-Formel erhalten wir die Nullstellen.

$$x_{1,2} = d \pm \sqrt{-\frac{e}{a}}$$

$$\Rightarrow x_{1,2} = 3 \pm \sqrt{-\frac{3}{-0{,}25}}$$

$$\Rightarrow x_1 = 3 - \sqrt{12} \text{ und } \Rightarrow x_2 = 3 + \sqrt{12}$$

Mit diesen Nullstellen, beziehungsweise den Integrationsgrenzen x_1 und x_2, können wir die Fläche A nun als bestimmtes Integral der Funktion f schreiben.

$$A = \int_{x_1}^{x_2} f(x)\, dx = F(x_2) - F(x_1)$$

Okay, wir haben vergessen, eine Stammfunktion F der Funktion f zu berechnen. Das holen wir sogleich nach.

$$f: f(x) = y = -0{,}25(x - 3)^2 + 3$$

$$\Rightarrow f: f(x) = y = -0{,}25(x^2 - 6x + 9) + 3$$

$$\Rightarrow f: f(x) = y = -0{,}25x^2 + 1{,}5x + 0{,}75$$

$$\Rightarrow F: F(x) = Y = -\frac{1}{12}x^3 + 0{,}75x^2 + 0{,}75x$$

So, jetzt aber.

$$A = \int_{x_1}^{x_2} f(x)\, dx = F(x_2) - F(x_1)$$

$$A = -\frac{1}{12}x_2^3 + 0{,}75x_2^2 + 0{,}75x_2 - \left(-\frac{1}{12}x_1^3 + 0{,}75x_1^2 + 0{,}75x_1\right)$$

$$\Rightarrow A = 13{,}68 - (-0{,}18) = 13{,}86 \text{ FE}$$

Vielleicht wunderst du dich über $F(x_1) = -0{,}18$. Der Wert der Stammfunktion F ist hier negativ. Es ist so, dass diese Stammfunktion F Flächen oberhalb der Abszisse und **rechts** der Ordinate **positiv** misst, Flächen aber oberhalb der Abszisse und **links** der Ordinate **negativ** misst. Dadurch, dass wir $F(x_1)$ **subtrahieren**, erhalten wir dann aber den positiven Flächeninhalt 0,18. Dabei handelt es sich um jenen kleinen Zipfel der Gesamtfläche links der Ordinate.

Die Gesamtfläche A hat also einen Flächeninhalt von 13,86 Flächeneinheiten. Dieser Wert ist ein gerundeter Wert. Der Inhalt der Teilfläche A_T sollte daher aufgrund der Forderung $A = 2A_T$ nun $A_T = 6{,}93$ FE betragen.

Die Fläche A_T ist eine Fläche zwischen zwei Funktionsgraphen. In unserem Beispiel erstreckt sie sich von einem Schnittpunkt zum anderen Schnittpunkt der beiden Funktionen f und g. Der Flächeninhalt einer solchen Fläche kann ermittelt werden, indem zunächst die Differenz der Funktionen gebildet und dann das bestimmte Integral dieser Differenzfunktion berechnet wird. Die Grenzen des bestimmten Integrals sind durch die x-Koordinaten jener Schnittpunkte gegeben. Ich nenne diese Koordinaten x_l (linker Schnittpunkt) und x_r (rechter Schnittpunkt). Bilden wir zunächst die Differenzfunktion. Da die Parabel über dem Intervall $[x_l ; x_r]$ sicherlich oberhalb der Geraden verläuft, subtrahiere ich den Funktionsterm der Geraden g vom Funktionsterm der Parabel f. Welche Funktionsgleichung hat die Gerade g?

$$g: g(x) = y = h$$

Wir wissen nur, dass die Gerade g parallel zur Abszisse verläuft. Die Höhe aber, in der sie verläuft, kennen wir noch nicht. Daher der Parameter h. Eben dies ist ja unsere Aufgabe, den Parameter h so zu bestimmen, dass $A = 2A_T$ gilt.

$$f(x) - g(x) = -0{,}25x^2 + 1{,}5x + 0{,}75 - h$$

$$\Rightarrow A_T = \int_{x_l}^{x_r} \left(f(x) - g(x) \right) dx = 6{,}93$$

$$\Rightarrow A_T = \int_{x_l}^{x_r} (-0{,}25x^2 + 1{,}5x + 0{,}75 - h)\, dx = 6{,}93$$

Das bestimmte Integral der Differenzfunktion f – g in den Grenzen x_l und x_r berechnet den Flächeninhalt der Fläche A_T. Das Problem ist, dass wir weder x_l kennen noch x_r. Ach ja, und h kennen wir ja auch nicht. Noch nicht. Aber es besteht ja ein bestimmter Zusammenhang zwischen x_l und x_r einerseits und h andererseits. Denn es muss gerade $f(x_l) = f(x_r) = h$ gelten.

$$\Rightarrow f(x) = -0{,}25x^2 + 1{,}5x + 0{,}75 = h$$

$$\Rightarrow x^2 - 6x - 3 = -4h$$

$$\Rightarrow x^2 - 6x - 3 + 4h = 0$$

p-q-Formel.

$$x_{l,r} = 3 \pm \sqrt{9 + 3 - 4h}$$

$$\Rightarrow x_l = 3 - \sqrt{12 - 4h} \text{ und } x_r = 3 + \sqrt{12 - 4h}$$

Einsetzen in A_T.

$$A_T = \int_{3-\sqrt{12-4h}}^{3+\sqrt{12-4h}} (-0{,}25x^2 + 1{,}5x + 0{,}75 - h)\, dx = 6{,}93$$

Was ist jetzt noch zu tun? Wir bestimmen die Stammfunktion des *Integranden*. Dieser ist die Differenzfunktion $f(x) - g(x) = -0{,}25x^2 + 1{,}5x + 0{,}75 - h$. Anschließend setzen wir die Differenz der Werte der Stammfunktion, ausgewertet an der oberen und unteren Grenze des Integrals, gleich 6,93.

Stammfunktion D_{fg} der Differenzfunktion f - g.

$$D_{fg}(x) = \int f(x) - g(x)\, dx = -\frac{1}{12}x^3 + \frac{3}{4}x^2 + \frac{3}{4}x - hx$$

$$\Rightarrow D_{fg}(x_r) = -\frac{1}{12}\left(3 + \sqrt{12 - 4h}\right)^3 + \frac{3}{4}\left(3 + \sqrt{12 - 4h}\right)^2$$

$$+ \frac{3}{4}\left(3 + \sqrt{12 - 4h}\right) - h\left(3 + \sqrt{12 - 4h}\right)$$

Die folgenden Umformungen erspare ich dir.

$$\Rightarrow D_{fg}(x_r) = (4 - \frac{4}{3}h)\sqrt{3 - h} - 3h + \frac{27}{4}$$

Nun nochmal dasselbe für die untere Grenze.

$$D_{fg}(x_l) = -\frac{1}{12}\left(3 - \sqrt{12 - 4h}\right)^3 + \frac{3}{4}\left(3 - \sqrt{12 - 4h}\right)^2$$

$$+ \frac{3}{4}\left(3 - \sqrt{12 - 4h}\right) - h\left(3 - \sqrt{12 - 4h}\right)$$

$$\Rightarrow D_{fg}(x_l) = \left(\frac{4}{3}h - 4\right)\sqrt{3 - h} - 3h + \frac{27}{4}$$

Es folgt die Gleichsetzung des Integrals mit 6,93.

$$A_T = \int_{x_l}^{x_r}\left(f(x) - g(x)\right) dx = D_{fg}(x_r) - D_{fg}(x_l) = 6{,}93$$

$$\left(4 - \frac{4}{3}h\right)\sqrt{3 - h} - 3h + \frac{27}{4} - \left(\left(\frac{4}{3}h - 4\right)\sqrt{3 - h} - 3h + \frac{27}{4}\right) = 6{,}93$$

$$\Rightarrow \left(8 - \frac{8}{3}h\right)\sqrt{3 - h} = 6{,}93$$

Quadrierung und Zusammenfassung.

$$\Rightarrow h^3 - 9h^2 + 27h - 20{,}25 = 0$$

Für diese Gleichung liefert mein Taschenrechner die Lösung h = 1,11 (gerundet). Genau dann also, wenn die Gerade g die Gleichung g(x) = y = 1,11 hat, gilt A = $2A_T$.

Funktion XIV

Im letzten Kapitel stießen wir am Ende auf eine Polynomgleichung vom Grad 3. Solche Gleichungen sind häufig nur nähererungsweise zu lösen, etwa mit dem Newton-Verfahren. Oder man hat das Glück, einen fähigen Taschenrechner zu besitzen, der solche Angelegenheiten für einen übernimmt. Mit solchen Gleichungen und Funktionen wirst du freilich im Verlauf der Oberstufe noch häufiger zu tun haben. Hier in diesem Buch bleiben wir aber in der Hauptsache bei den quadratischen Funktionen.

Ich denke mir, wir machen die letzten Kapitel des Buchs zu Wiederholungskapiteln, indem wir einiges von dem, was wir bisher erarbeiteten, aufgreifen und nochmals üben. Aber auch neue Dinge werden dabei sein. In diesem Kapitel gebe ich einen Sachverhalt vor, der uns zu einer quadratischen Funktion führen soll.

Ein Kugelstoßer stößt eine Kugel. Als diese seine Hand verlässt, befindet sie sich in einer Höhe von 2 Metern. Nach einer horizontalen Strecke von 9 Metern erreicht sie ihre maximale Höhe über dem Erdboden. Nach weiteren 11 Metern landet sie auf dem Boden.

Wie können wir die Flugbahn der Kugel durch eine Parabel (quadratische Funktion) modellieren? Die Flugbahn modellieren heißt, sie durch eine Gleichung zu beschreiben. Hierzu ist es nötig, dass wir ein Koordinatensystem über die Flugbahn legen. Wir müssen festlegen, wo, an welcher Stelle des Koordinatensystems, der Kugelstoßer stehen beziehungsweise seinen Stoß tätigen soll. Es mag zwar nicht notwendig sein, erscheint mir aber irgendwie sinnvoll, den Stoßer in den Ursprung des KOS zu verfrachten. Nun ist jener Kreis, in dem er steht und dreht, freilich kein Punkt. Aber du weißt ja, wie ich es meine. Die Kugel soll die Hand direkt auf der Ordinate verlassen.

Damit haben wir einen Punkt ausgemacht, der auf der Parabel liegen soll. Es ist der Punkt $SY(0|2)$. Denn in 2 Metern Höhe verlässt die Kugel die Hand.

Wir kennen noch einen Punkt der Parabel. Nämlich jenen auf der Abszisse, auf welchem die Kugel landet. Dieser Punkt, nennen wir ihn SX, soll die Koordinaten $SX(20|0)$ haben. Denn nach $9 + 11 = 20$ Metern landet die Kugel auf dem Boden. Dabei habe ich mir vorgestellt, dass die Kugel von links nach rechts fliegt.

Zwei Punkte der Parabel kennen wir nun. Zusätzlich wissen wir, dass die Parabel an der Stelle $x = 9$ einen Hochpunkt haben soll.

Dieser Hochpunkt ist dann freilich der Scheitelpunkt der Parabel. Somit kennen wir den Parameter d der Scheitelpunktform. Es ist d = 9.

Wir gehen aus von der Scheitelpunktform einer quadratischen Funktion.

$$f: f(x) = y = a(x - d)^2 + e$$

Da wir d schon kennen, müssen wir nur noch a und e bestimmen. Dies sollte kein Problem sein. Wir setzen die beiden Punkte SX und SY in f ein.

$$SX(20|0) \Rightarrow 0 = a(20 - 9)^2 + e$$

$$\Rightarrow 121a + e = 0$$

$$SY(0|2) \Rightarrow 2 = a(0 - 9)^2 + e$$

$$\Rightarrow 81a + e = 2$$

Wir haben ein lineares Gleichungssystem erhalten. Ich gehe es an mit dem Subtraktionsverfahren, subtrahiere die untere von der oberen Gleichung.

$$121a + e = 0$$

$$81a + e = 2$$

$$\Rightarrow 40a = -2$$

$$\Rightarrow a = -0,05$$

Der Parameter a ist negativ. Ja, macht Sinn.

Nun berechnen wir noch den Parameter e.

$$121a + e = 0$$

$$\Rightarrow 121 \cdot (-0{,}05) + e = 0$$

$$\Rightarrow e = 6{,}05$$

Welche Bedeutung hat nun dieses Ergebnis e = 6,05? Nun, du weißt es, die Kugel erreicht auf ihrer Bahn die maximale Höhe von 6,05 Metern. Dies freilich nur unter jenen Voraussetzungen, Bedingungen, die wir anfänglich formulierten. Ob das nun realistisch ist, weiß ich nicht genau, ist aber auch nicht entscheidend.

Jedenfalls lautet nun die Funktion, die die Flugbahn der Kugel modelliert, also beschreibt, so:

$$f: f(x) = y = -0{,}05(x - 9)^2 + 6{,}05$$

Lass uns einige Aufgaben angehen. Die Kugel verließ die Hand in einer Höhe von 2 Metern. Nach wie vielen Metern (horizontal) befand sich die Kugel erneut in dieser Höhe? Das ist die **erste Aufgabe**.

Nun, das können wir mit der Symmetrie der Parabel herausbekommen. Die Kugel war 9 Meter (horizontal) unterwegs vom Punkt $SY(0|2)$ zum Scheitelpunkt $S(9|6{,}05)$ der Parabel.

Also muss sie weitere 9 Meter fliegen, um erneut 2 Meter über dem Erdboden sich zu befinden. Sie befand sich demnach insgesamt nach 18 Metern erneut in der besagten Höhe.

In welchem Winkel (gemessen zur Horizontalen) hat der Kugelstoßer seine Kugel von sich gestoßen? Das ist die **zweite Aufgabe**. Bei dieser Aufgabe solltest du dich erinnern an das Thema *Steigungswinkel von Geraden im Koordinatensystem*. Denn der Winkel, nach welchem hier gefragt ist, stimmt überein mit dem Steigungswinkel der Tangente an den Berührpunkt SY. Wir müssen also die Steigung der Tangente berechnen. Sie stimmt überein mit der Steigung der Parabel in SY.

$$f: f(x) = y = -0{,}05(x-9)^2 + 6{,}05$$

Um die Funktion f ableiten zu können, forme ich sie um.

$$f: f(x) = y = -0{,}05(x^2 - 18x + 81) + 6{,}05$$

$$\Rightarrow f: f(x) = y = -0{,}05x^2 + 0{,}9x + 2$$

$$\Rightarrow f': f'(x) = y' = -0{,}1x + 0{,}9$$

$$\Rightarrow f'(0) = 0{,}9 = m_{Tangente}$$

$$\Rightarrow \alpha = \tan^{-1}(0{,}9) \approx 42°$$

Der Steigungswinkel α der Tangente beträgt etwa 42°. Laut Wikipedia ein ziemlich günstiger Stoßwinkel.

Nehmen wir an, der Trainer des Kugelstoßers hat sich folgende, den Sportler motivierende Trainingsmethode überlegt. In einer Entfernung von x = 17 Metern errichtet er eine knapp 3 Meter hohe Holzwand. Dadurch will er einen optischen Reiz setzen. Der Kugelstoßer muss das Hindernis überwinden, um auf Weite zu kommen. Hätte jener Stoß des Stoßers die Wand gemeistert?

Falls nein, wie weit muss er die Kugel stoßen, damit die Kugel die Wand überquert? Der Hochpunkt der Parabel soll weiterhin bei x = 9 liegen.

Das ist die **dritte Aufgabe.**

Um den ersten Teil dieser Aufgabe zu erledigen, berechnen wir den Funktionswert der Funktion f an der Stelle x = 17.

$$f: f(x) = y = -0{,}05(x-9)^2 + 6{,}05$$

$$\Rightarrow f(17) = -0{,}05(17-9)^2 + 6{,}05$$

$$\Rightarrow f(17) = 2{,}85 \text{ (Meter)}$$

Tja, die Kugel wäre wohl hängengeblieben. Da muss sich unser Stoßer also steigern. Es soll ja nun gelten:

$$f^*(17) = 3$$

Die Ausgangslage ändert sich. Die Flugbahn als Parabel muss die Punkte $SY(0|2)$ und $HW(17|3)$ enthalten.

Im zweiten Teil dieser Aufgabe erhalten wir also ein neues Gleichungssystem.

$$SY(0|2) \Rightarrow 2 = a(0 - 9)^2 + e$$

$$\Rightarrow 81a + e = 2$$

$$HW(17|3) \Rightarrow 3 = a(17 - 9)^2 + e$$

$$\Rightarrow 64a + e = 3$$

Ich subtrahiere die untere Gleichung von der oberen.

$$\Rightarrow 17a = -1$$

$$\Rightarrow a = -\frac{1}{17}$$

$$\Rightarrow e = \frac{115}{17} \approx 6{,}76$$

Die Funktionsgleichung der erforderlichen Flugbahn bezeichne ich mit f*.

$$f^*: f^*(x) = y = -\frac{1}{17}(x - 9)^2 + \frac{115}{17}$$

War's das? Hm, was wollten wir eigentlich berechnen? Ach so, wir wollten wissen, wie weit der Kugelstoßer stoßen muss, damit seine Kugel die Holzwand hinter sich lässt. Durch unsere Berechnungen haben wir dies jetzt erreicht, der Kugelstoßer hat fleißig trainiert, seine Kugel überfliegt die Holzwand und ... wir berechnen, wo sie landet. Wir machen uns also auf Nullstellensuche.

$$f^*(x) = y = -\frac{1}{17}(x-9)^2 + \frac{115}{17} = 0$$

$$\Rightarrow x_{1,2} = 9 \pm \sqrt{-\frac{115/17}{-1/17}} = 9 \pm \sqrt{115}$$

$$\Rightarrow x_1 = 9 - \sqrt{115} \text{ und } x_2 = 9 + \sqrt{115}$$

$$\Rightarrow x_1 \approx -1{,}72 \text{ und } x_2 \approx 19{,}72$$

Nanu, der Kugelstoßer hat zwar die Wand gemeistert, aber sein Stoß ist nun um etwa 28 Zentimeter kürzer als sein vorheriger Stoß. Die Trainingsmethode ist quasi fehlgeschlagen. Der Stoßer hat (vermutlich) nicht kräftiger gestoßen, sondern lediglich den Abstoßwinkel vergrößert. Dadurch wurde die Flugbahn höher, aber kürzer.

Okay, reißen wir die Wand wieder ab. Einen Versuch war es wert. Wenden wir uns lieber einer neuen Fragestellung zu. Bisher haben wir mit Stammfunktionen und Integralen immer Flächen berechnet. Nun wüsste ich aber nicht, welche Bedeutung der Flächeninhalt unter der Parabel im Sachzusammenhang dieser Aufgabe haben sollte. Daher berechnen wir einmal stattdessen die Länge der Flugkurve vom Verlassen der Hand bis zum Aufkommen auf dem Boden. Es geht nun also um die Länge der Parabellinie von $SY(0|2)$ bis $SX(20|0)$.

Das ist die **vierte Aufgabe**.

Während man die Berechnungsweise der Flächen zwischen Graphen und Abszisse auf den gemeinsamen Grenzwert von Rechtecksummen als Ober - und Untersummen zurückführen kann (unendlich viele Rechteckstreifen zerlegen die zu berechnende Fläche), geht die folgende Berechnung der Länge des Graphen der Parabel auf die Überlegung zurück, diese Länge durch Hypotenusen rechtwinkliger Dreiecke anzunähern. Bei diesem Verfahren wird die Anzahl der Hypotenusen unendlich erhöht, während deren Längen beliebig klein werden. Das ist Stoff der gymnasialen Qualifikationsphase. Ich möchte dir an dieser Stelle nur schon einmal an dieser Beispielfunktion zeigen, dass es eine geeignete Formel gibt, die die Berechnung dieser Länge (auch *Bogenlänge*) ermöglicht.

Ich bezeichne die Bogenlänge der Funktion f über dem Intervall [0 ; 20] mit $L_f(0,20)$. Dann gilt:

$$L_f(0,20) = \int_0^{20} \sqrt{1 + \left(f'(x)\right)^2}\, dx$$

Die Ableitung f' hatten wir schon bestimmt.

$$\Rightarrow L_f(0,20) = \int_0^{20} \sqrt{1 + (-0{,}1x + 0{,}9)^2}\, dx$$

$$\Rightarrow L_f(0,20) = \int_0^{20} \sqrt{0{,}01x^2 - 0{,}18x + 1{,}81}\, dx$$

$$\Rightarrow L_f(0,20) = \int_0^{20} \sqrt{0{,}01(x^2 - 18x + 181)}\, dx$$

Für die zu berechnende Bogenlänge erhalten wir:

$$\Rightarrow L_f(0,20) = 0,1 \int_0^{20} \sqrt{x^2 - 18x + 181}\ dx$$

Der Integrand $\sqrt{x^2 - 18x + 181}$ ist nun leider zu kompliziert, als dass wir mit der Methode, die wir in diesem Buch kennengelernt haben, eine Stammfunktion dieses Integranden herleiten könnten. Ich beschränke mich daher darauf, den Wert des Integrals mit einem geeigneten Taschenrechner zu bestimmen.

$$\Rightarrow L_f(0,20) \approx 23,03 \text{ Meter}$$

Bei jenem Stoß auf eine Weite von 20 Metern legte die Kugel also auf ihrer Parabelbahn eine Wegstrecke von etwa 23 Metern zurück.

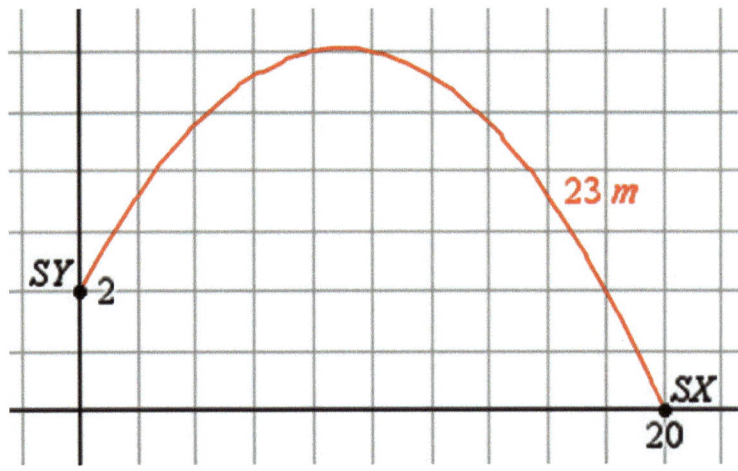

Funktion XV

Der Trainer des Kugelstoßers war sehr frustriert, weil seine Traingsmethode nicht funktioniert hatte. Nach eingehenden Analysen und mathematischen Studien stellte er erfreut fest: *Ich hab's. Mein Schützling hätte den Abstoßwinkel nicht vergrößern dürfen. Er hätte vielmehr die horizontale Entfernung bis zum Hochpunkt der Flugbahn steigern müssen.*

Mit dieser Devise machten er und der Kugelstoßer sich erneut ans Werk. Sie verringerten den Abstoßwinkel sogar ein wenig auf 40° und erreichten nach einigen Monaten den Hochpunkt der Flugbahn nach 9,5 Metern.

Um wie viel Zentimeter überflog die Kugel nun die neu errichtete Holzwand (3 Meter hoch in 17 Metern Entfernung) und auf welche Weite kam die Kugel dabei?

Soweit der Aufgabentext und die Fragestellung. Wenn mich nicht alles täuscht, müssen wir zunächst einmal die Funktionsgleichung der Funktion f finden. Schaun wir mal, welche Informationen wir haben und wie sich diese in Gleichungen kleiden lassen.

Die Abstoßhöhe dürfte sich nicht verändert haben. Die liegt weiterhin bei 2 Metern. Also haben wir wieder die Bedingung f(0) = 2 zu berücksichtigen. Der Abstoßwinkel beträgt nun 40°. Dies führt auf die Bedingung f'(0) = tan (40°). Schließlich erreicht die Kugel die maximale Höhe nach 9,5 Metern, das heißt, es muss f'(9,5) = 0 gelten. Das sieht doch prächtig aus, wir haben 3 schöne Bedingungen, was wollen wir mehr?

Da wir die Ableitung benötigen, verwenden wir am besten die allgemeine Form einer quadratischen Funktion.

$$f: f(x) = y = ax^2 + bx + c$$

$$\Rightarrow f': f'(x) = y' = 2ax + b$$

Die 3 Bedingungen führen nun auf 3 Gleichungen.

$$f(0) = c = 2$$

$$f'(0) = b = \tan (40°)$$

$$f'(9,5) = 19a + b = 0$$

Mit b = tan (40°) folgt in der dritten Gleichung:

$$19a + \tan (40°) = 0$$

$$\Rightarrow a = -\frac{\tan (40°)}{19}$$

Was sagst du nun, da haben wir schon unsere Funktion:

$$f: f(x) = y = -\frac{\tan (40°)}{19} x^2 + \tan(40°)x + 2$$

Wir wollten wissen, um wie viele Zentimeter die Kugel die Holzwand überwand. Wir müssen f(17) berechnen.

$$f(17) = - \frac{\tan(40°)}{19} \cdot 17^2 + \tan(40°) \cdot 17 + 2 \approx 3{,}50$$

Wenn das keine Leistungssteigerung ist. Die Kugel flog mit einem Abstand von gut 50 Zentimeter über die Holzwand hinweg. Welche Weite erreichte der Stoß? Dazu berechnen wir die Nullstelle der Funktion.

$$- \frac{\tan(40°)}{19} x^2 + \tan(40°)x + 2 = 0$$

Das mache ich jetzt mal mit der a-b-c-Formel.

$$x_{1,2} = \frac{-b \pm \sqrt{b^2 - 4ac}}{2a}$$

$$\Rightarrow x_{1,2} = \frac{-\tan(40°) \pm \sqrt{\tan^2(40°) - 4 \cdot \left(- \frac{\tan(40°)}{19}\right) \cdot 2}}{2 \cdot \left(- \frac{\tan(40°)}{19}\right)}$$

$$\Rightarrow x_1 \approx -2{,}14 \text{ und } x_2 \approx 21{,}14$$

Der Wert – 2,14 ist hier im Sachzusammenhang ohne Bedeutung, aber die Zahl 21,14 verrät uns, dass der Kugelstoßer seine Kugel auf 21,14 Meter stieß und somit seine bisherige Bestmarke um 1,14 Meter verbesserte.

Was ein wenig Mathematik doch bewirken kann. Der Trainer jedenfalls war hochzufrieden und blickte nun zuversichtlich der nächsten Meisterschaft entgegen. Nach diesem Happyend verlassen wir den Kugelstoß.

Aber wir können uns noch ein wenig mit der Funktion f beschäftigen und mit ihr üben.

$$f: f(x) = y = -\frac{\tan(40°)}{19} x^2 + \tan(40°)x + 2$$

Was wissen wir über diese Funktion? Wir kennen den Schnittpunkt $SY(0|2)$ mit der Ordinate. Wegen

$$-1 < a \approx -0,04416 < 0$$

ist der Graph sicherlich nach unten geöffnet und gestaucht. Die Schnittpunkte mit der Abszisse hatten wir bereits berechnet.

$$SX_1(-2,14|0) \text{ und } SX_2(21,14|0)$$

Die Werte der Nullstellen sind dabei gerundet worden.

Nun würde ich gern den Scheitelpunkt, also den Hochpunkt der Kurve berechnen. Zur Übung nutze ich sowohl die Methoden der Sekundarstufe I als auch die der Sekundarstufe II.

Da wir die Nullstellen schon kennen, besteht die einfachste Methode darin, das arithmetische Mittel dieser Nullstellen zu berechnen. Dann haben wir schon einmal die x-Koordinate des Scheitelpunktes.

$$x_S = d = \frac{-2,14+21,14}{2} = 9,5$$

$$\Rightarrow y_S = e = f(d) \approx 5,99$$

$$\Rightarrow S(9,5|5,99)$$

Eine zweite Möglichkeit, den Scheitelpunkt zu bestimmen, ist die quadratische Ergänzung. Mit ihr formen wir die allgemeine Form in die Scheitelpunktform um.

$$f: f(x) = y = - \frac{\tan(40°)}{19} x^2 + \tan(40°)x + 2$$

$$\Rightarrow y = - \frac{\tan(40°)}{19} (x^2 - 19x - 45{,}29)$$

Ich habe $\tan(40°)$ und 2 durch $- \frac{\tan(40°)}{19}$ dividiert und kam so auf $- 19$ und $- 45{,}29$ (gerundet).

Jetzt kommt die quadratische Ergänzung.

$$\Rightarrow y = - \frac{\tan(40°)}{19} (x^2 - 19x + 9{,}5^2 - 9{,}5^2 - 45{,}29)$$

Anwendung der 2. binomischen Formel.

$$\Rightarrow y = - \frac{\tan(40°)}{19} ((x - 9{,}5)^2 - 135{,}54)$$

Ausmultiplizieren der äußeren Klammer.

$$\Rightarrow y = - \frac{\tan(40°)}{19} (x - 9{,}5)^2 + 5{,}99$$

$$\Rightarrow S(9{,}5 | 5{,}99)$$

Eine dritte Möglichkeit, den Scheitelpunkt zu bestimmen, besteht darin, jene Formeln zu benutzen, die wir auf Seite 72 festgehalten haben.

$$S(- \frac{b}{2a} | c - \frac{b^2}{4a}) \Rightarrow S(- \frac{\tan(40°)}{2 \cdot \left(- \frac{\tan(40°)}{19}\right)} | 2 - \frac{\tan^2(40°)}{4 \cdot \left(- \frac{\tan(40°)}{19}\right)})$$

$$\Rightarrow S(9{,}5 | 5{,}99)$$

Die vierte und letzte Möglichkeit, die ich sehe und ansprechen möchte, ist jene aus der Sekundarstufe II. Wir berechnen die Ableitung der Funktion f und setzen diese gleich 0.

$$f\colon f(x) = y = -\frac{\tan(40°)}{19}\,x^2 + \tan(40°)x + 2$$

$$\Rightarrow f'\colon f'(x) = y' = -\frac{2\cdot\tan(40°)}{19}\,x + \tan(40°)$$

$$\Rightarrow -\frac{2\cdot\tan(40°)}{19}\,x + \tan(40°) = 0$$

$$\Rightarrow x = 9{,}5 \Rightarrow f(9{,}5) = 5{,}99$$

$$\Rightarrow S(9{,}5|5{,}99)$$

Hm, irgendwie kommen wir immer wieder auf dasselbe Ergebnis $S(9{,}5|5{,}99)$. ☺ Dann muss es wohl richtig sein. Abgesehen davon, dass die 5,99 gerundet wurde.

Nun, da wir den Scheitelpunkt ermittelt haben, liegt es nahe, auch Brennpunkt und Leitlinie zu bestimmen.

$$S(9{,}5|5{,}99) \Rightarrow F\!\left(9{,}5\,\middle|\,5{,}99 + \frac{1}{4\cdot\left(-\frac{\tan(40°)}{19}\right)}\right)$$

$$\Rightarrow F(9{,}5|0{,}33)$$

$$l\colon y = 5{,}99 - \frac{1}{4\cdot\left(-\frac{\tan(40°)}{19}\right)}$$

$$\Rightarrow l\colon y = 11{,}65$$

Höchste Zeit, dass wir die Funktion f mal zeichnen.

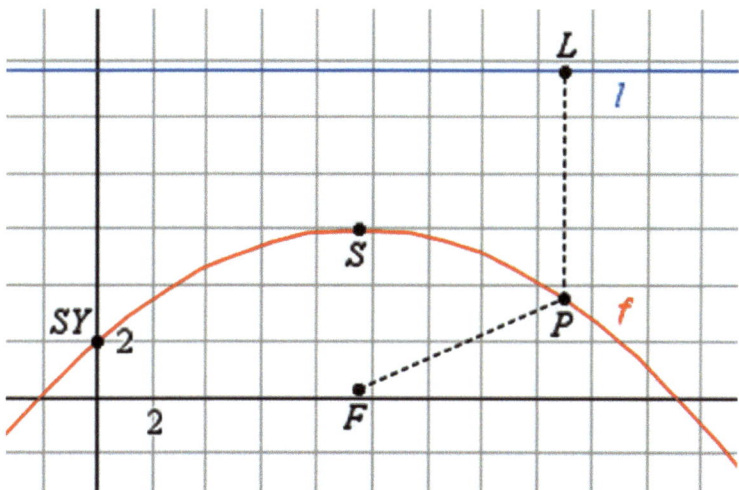

Da wir uns bereits im Landeanflug dieses Buches befinden, möchte ich mit dir etliche Aufgabenstellungen wiederholen. Gerade auch die einfacheren. Denn letztlich geht es doch darum, die wichtigsten Grundlagen und Verfahren sicher zu beherrschen. Benutze bitte folgende Funktionsgleichungen:

$$f: f(x) = y = - \frac{\tan{(40°)}}{19} x^2 + \tan(40°)x + 2$$

$$f: f(x) = y = - \frac{\tan{(40°)}}{19} (x - 9{,}5)^2 + 5{,}99$$

Also stelle ich dir eine **erste Aufgabe**. Liegt der Punkt $P(1785|{-}139214)$ auf der Parabel der Funktion f?

Natürlich müssen wir das Argument x = 1785 in die Funktionsgleichung einsetzen und sehen, was passiert.

$$f: f(x) = y = -\frac{\tan(40°)}{19}\, x^2 + \tan(40°)x + 2$$

$$\Rightarrow f(1785) = -\frac{\tan(40°)}{19} \cdot 1785^2 + \tan(40°) \cdot 1785 + 2$$

Im wirklichen Leben habe ich mir die Funktion f freilich im Taschenrechner längst definiert. Daher muss ich dort nur noch **f(1785)** abfragen.

$$\Rightarrow f(1785) = -139213{,}9031 \approx -139214$$

Der Punkt $P(1785|-139214)$ liegt also nicht exakt auf der Parabel, aber so gut wie. Genau genommen liegt er knapp unter der Parabel. Nun zur **zweiten Aufgabe**. An welchen Stellen hat die Funktion f den Funktionswert $f(x) = -44157{,}15$? Benutze bei dieser Aufgabe bitte die Scheitelpunktform der Funktion f.

$$y = -\frac{\tan(40°)}{19}\, (x - 9{,}5)^2 + 5{,}99$$

$$\Rightarrow -44157{,}15 = -\frac{\tan(40°)}{19}\, (x - 9{,}5)^2 + 5{,}99$$

Subtraktion von 5,99 und Division durch $-\frac{\tan(40°)}{19}$.

$$\Rightarrow 1000.000{,}034 = (x - 9{,}5)^2$$

Quadratwurzel.

$$\Rightarrow \pm\, 1000 = x - 9{,}5$$

Addition von 9,5.

$$\Rightarrow x_3 = -990{,}5 \text{ und } x_4 = 1009{,}5$$

Mit $x_{1,2}$ hatten wir bereits die Nullstellen bezeichnet.

Dritte Aufgabe. An welcher Stelle besitzt f die Steigung 2500? Runde dein Ergebnis auf eine ganze Zahl.

Geht es um die Steigung, so geht es um die Ableitung.

$$f': f'(x) = y' = -\frac{2 \cdot \tan(40°)}{19}x + \tan(40°)$$

$$\Rightarrow 2500 = -\frac{2 \cdot \tan(40°)}{19}x + \tan(40°)$$

Subtraktion von $\tan(40°)$ und Division durch $-\frac{2 \cdot \tan(40°)}{19}$.

$$\Rightarrow x_5 \approx -28295$$

Vierte Aufgabe. Bestimme die obere Grenze des Intervalls [2 ; x_6] so, sodass die Fläche A zwischen Graph und Abszisse über diesem Intervall einen Flächeninhalt A = 40 FE besitzt.

Geht es um Flächeninhalte, brauchen wir eine Stammfunktion. Ich gehe aus von der allgemeinen Form unserer Funktion f.

$$f: f(x) = y = -\frac{\tan(40°)}{19}x^2 + \tan(40°)x + 2$$

$$\Rightarrow F: F(x) = Y = -\frac{\tan(40°)}{19} \cdot \frac{1}{3}x^3 + \tan(40°) \cdot \frac{1}{2}x^2 + 2x$$

$$\Rightarrow F: F(x) = Y = -\frac{\tan(40°)}{57}x^3 + \frac{\tan(40°)}{2}x^2 + 2x$$

Gelten soll nun:

$$A = \int_2^{x_6} f(x)\,dx = F(x_6) - F(2) = 40$$

Ich berechne zuvor F(2) = 5,56043.

$$F(x_6) - F(2) = 40$$

$$\Rightarrow -\frac{\tan(40°)}{57}\,x_6{}^3 + \frac{\tan(40°)}{2}\,x_6{}^2 + 2x_6 - 5{,}56043 = 40$$

$$\Rightarrow -\frac{\tan(40°)}{57}\,x_6{}^3 + \frac{\tan(40°)}{2}\,x_6{}^2 + 2x_6 - 45{,}56043 = 0$$

Da diese Gleichung vom Grad 3 ist, bemühe ich meinen Taschenrechner.

$$\Rightarrow x_6 = 9{,}72$$

Die obere Grenze des Intervalls [2 ; x_6] ist $x_6 = 9{,}72$. Die folgende Zeichnung veranschaulicht die soeben berechnete Fläche A = 40 FE.

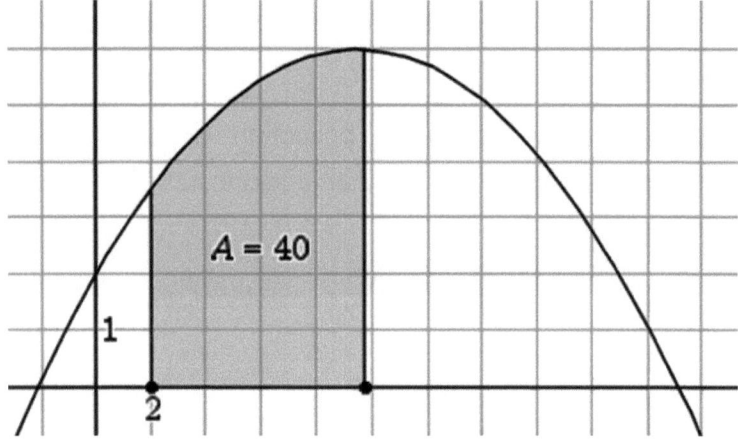

In den 3 nächsten Kapiteln behandeln und wiederholen wir die Vorgehensweisen für jede der 3 Ausgangsformen, die allgemeine Form, die Scheitelpunktform und die faktorisierte Form quadratischer Funktionen.

Funktion XVI

In diesem Kapitel gebe ich 3 Punkte vor. Wir stellen ein Gleichungssystem auf. Wir finden die Funktionsgleichung in allgemeiner Form. Nach der Berechnung der Nullstellen, des Scheitelpunkts, des Brennpunkts und der Leitlinie, zeichnen wir die Parabel. Anschließend bearbeiten wir einige relativ einfache Aufgaben. Hier sind die 3 Punkte.

$P_1(2,5|3,5)$ und $P_2(3,4|3,68)$ und $P_3(3,8|2,72)$

Ein Blick auf die Koordinaten der Punkte zeigt, dass die zugehörige Parabel nach unten geöffnet sein wird. Denn während die Argumente der Punkte anwachsen, wachsen auch die Funktionswerte zunächst, fallen dann aber wieder. Ich gehe aus von der allgemeinen Form einer quadratischen Funktion.

$$f: f(x) = y = ax^2 + bx + c$$

Durch das Einsetzen der Koordinaten der Punkte gewinnen wir ein Gleichungssystem.

① $3,5 = 6,25a + 2,5b + c$

② $3,68 = 11,56a + 3,4b + c$

③ $2,72 = 14,44a + 3,8b + c$

Da die Koeffizienten der Parameter von oben nach unten größer werden, subtrahiere ich die erste Gleichung von der zweiten und die zweite von der dritten.

$$④ \; 0{,}18 = 5{,}31a + 0{,}9b$$

$$⑤ \; -0{,}96 = 2{,}88a + 0{,}4b$$

Ich dividiere Gleichung 4 durch 0,9 und Gleichung 5 durch 0,4.

$$⑥ \; 0{,}2 = 5{,}9a + b$$

$$⑦ \; -2{,}4 = 7{,}2a + b$$

Jetzt subtrahieren wir Gleichung 6 von Gleichung 7 und nennen das Ergebnis Gleichung 8. Ja, ganz genau.

$$⑧ \; -2{,}6 = 1{,}3a$$

$$\Rightarrow a = -2$$

a = -2 setzen wir ein in Gleichung 6.

$$0{,}2 = 5{,}9 \cdot (-2) + b$$

$$\Rightarrow b = 12$$

a = -2 und b = 12 in Gleichung 1.

$$3{,}5 = 6{,}25 \cdot (-2) + 2{,}5 \cdot 12 + c$$

$$\Rightarrow c = -14$$

Wir notieren die Funktion f in allgemeiner Form.

$$f \colon f(x) = y = -2x^2 + 12x - 14$$

① $6{,}25a + 2{,}5b + c = 3{,}5$

② $11{,}56a + 3{,}4b + c = 3{,}68$

③ $14{,}44a + 3{,}8b + c = 2{,}72$

Ich habe das anfängliche Gleichungssystem nochmal hier hin geschrieben. Denn wir sollten auch den Gaußalgorithmus noch einmal üben. Wir beginnen mit der erweiterten Koeffizientenmatrix.

$$\begin{pmatrix} 6{,}25 & 2{,}5 & 1 & 3{,}5 \\ 11{,}56 & 3{,}4 & 1 & 3{,}68 \\ 14{,}44 & 3{,}8 & 1 & 2{,}72 \end{pmatrix}$$

Diesmal erlaube ich mir folgende Variante. Ich vertausche die erste Spalte mit der dritten Spalte. Dadurch vertausche ich freilich auch in der Ergebnisspalte die Parameter a und c. Das merken wir uns.

$$\rightarrow \begin{pmatrix} 1 & 2{,}5 & 6{,}25 & 3{,}5 \\ 1 & 3{,}4 & 11{,}56 & 3{,}68 \\ 1 & 3{,}8 & 14{,}44 & 2{,}72 \end{pmatrix}$$

Wir subtrahieren die erste Zeile von der zweiten und von der dritten.

$$\Rightarrow \begin{pmatrix} 1 & 2{,}5 & 6{,}25 & 3{,}5 \\ 0 & 0{,}9 & 5{,}31 & 0{,}18 \\ 0 & 1{,}3 & 8{,}19 & -0{,}78 \end{pmatrix}$$

Spalte 1 fertig. Division der zweiten Zeile durch 0,9.

$$\Rightarrow \begin{pmatrix} 1 & 2{,}5 & 6{,}25 & 3{,}5 \\ 0 & 1 & 5{,}9 & 0{,}2 \\ 0 & 1{,}3 & 8{,}19 & -0{,}78 \end{pmatrix}$$

Subtraktion des 2,5fachen der zweiten Zeile von der ersten und des 1,3fachen von der dritten.

$$\Rightarrow \left(\begin{array}{ccc|c} 1 & 0 & -8,5 & 3 \\ 0 & 1 & 5,9 & 0,2 \\ 0 & 0 & 0,52 & -1,04 \end{array} \right)$$

Spalte 2 fertig. Division der dritten Zeile durch 0,52.

$$\Rightarrow \left(\begin{array}{ccc|c} 1 & 0 & -8,5 & 3 \\ 0 & 1 & 5,9 & 0,2 \\ 0 & 0 & 1 & -2 \end{array} \right)$$

Addition des 8,5fachen der dritten Zeile zur ersten und Subtraktion des 5,9fachen von der zweiten.

$$\Rightarrow \left(\begin{array}{ccc|c} 1 & 0 & 0 & -14 \\ 0 & 1 & 0 & 12 \\ 0 & 0 & 1 & -2 \end{array} \right)$$

$$\Rightarrow a = -2 \text{ und } b = 12 \text{ und } c = -14$$

Da wir anfangs die erste Spalte mit der dritten Spalte vertauscht hatten, findet sich der Wert des Parameters a nun an dritter Stelle der Ergebnisspalte und der Wert des Parameters c entsprechend an erster Stelle der Ergebnisspalte.

Somit haben wir auch auf diesem Weg die Funktionsgleichung der Funktion f gefunden und das vorherige Ergebnis bestätigt.

Mit c = -14 notiere ich sogleich den Schnittpunkt der Parabel mit der Ordinate: $SY(0|-14)$

Richten wir unser Augenmerk auf den Scheitelpunkt der Funktion. Ich benutze die entsprechenden Formeln und berechne seine Koordinaten.

$$S(d|e) = S(-\frac{b}{2a}|c - \frac{b^2}{4a})$$

$$\Rightarrow S(-\frac{12}{2 \bullet (-2)}|-14 - \frac{12^2}{4 \bullet (-2)})$$

$$\Rightarrow S(3|4)$$

Das gewünschte Ergebnis haben wir ermittelt, aber es geht uns darum, verschiedene Verfahren zu üben. Daher gehe ich diese Sache nun so an, dass ich die allgemeine Form der Funktionsgleichung (durch quadratische Ergänzung) in die Scheitelpunktform bringe.

$$f: f(x) = y = -2x^2 + 12x - 14$$

Ausklammern von a = -2.

$$\Rightarrow f: f(x) = y = 2(x^2 - 6x + 7)$$

Quadratische Ergänzung.

$$\Rightarrow f: f(x) = y = -2(x^2 - 6x + 3^2 - 3^2 + 7)$$

Anwendung der 2. binomischen Formel.

$$\Rightarrow f: f(x) = y = -2((x - 3)^2 - 2)$$

Ausmultiplizieren der äußeren Klammer.

$$\Rightarrow f: f(x) = y = -2(x - 3)^2 + 4$$

Fertig. $\Rightarrow S(3|4)$

Eine weitere Möglichkeit, den Scheitelpunkt zu bestimmen, besteht darin, dass wir zunächst die Nullstellen und dann das arithmetische Mittel dieser Nullstellen berechnen. Dazu nutze ich die a-b-c-Formel.

$$f: f(x) = y = -2x^2 + 12x - 14$$

$$\Rightarrow x_{1,2} = \frac{-b \pm \sqrt{b^2 - 4ac}}{2a}$$

$$\Rightarrow x_{1,2} = \frac{-12 \pm \sqrt{12^2 - 4 \cdot (-2) \cdot (-14)}}{2 \cdot (-2)}$$

$$\Rightarrow x_{1,2} = \frac{-12 \pm \sqrt{144 - 112}}{-4}$$

$$\Rightarrow x_1 = 3 - \sqrt{2} \text{ und } x_2 = 3 + \sqrt{2}$$

Mit diesen Nullstellen haben wir die Schnittpunkte $SX_1(3 - \sqrt{2}|0)$ und $SX_2(3 + \sqrt{2}|0)$ der Parabel der Funktion f mit der Abszisse ermittelt. Das arithmetische Mittel der Nullstellen ergibt natürlich $x_S = d = 3$. Mit $f(3) = 4$ haben wir erneut $S(3|4)$.

Wir wissen längst, dass mit $S(3|4)$ auch der Brennpunkt F der Parabel und ihre Leitlinie l leicht zu berechnen sind.

$$S(3|4) \Rightarrow F(3|4 + \frac{1}{4 \cdot (-2)}) = F(3|3{,}875)$$

$$l: y = 4 - \frac{1}{4 \cdot (-2)} = 4{,}125$$

Jetzt zeichnen wir die Funktion. Ich beschränke mich auf einen Ausschnitt. Die Achsen sind nicht sichtbar.

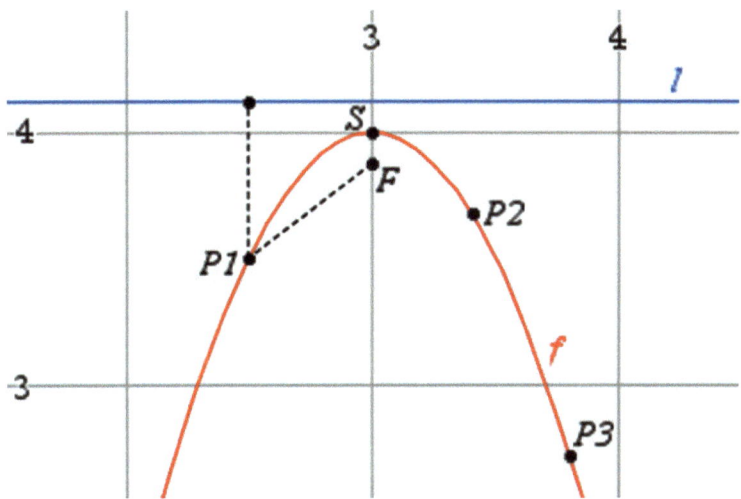

Die Parabel ist wegen a < -1 nach unten geöffnet und gestreckt. Sie ist streng monoton wachsend über dem Intervall] -∞ ; 3] und streng monoton fallend über dem Intervall [3 ; ∞ [. Das erste Intervall ist rechts geschlossen, das zweite ist links geschlossen. Der Wert x = 3 ist also in beiden Intervallen enthalten.

Ich hatte angekündigt, dass wir nun einige nicht allzu schwere Aufgaben bearbeiten. In **Aufgabe 1** berechnest du bitte die erste und zweite Ableitung von f.

$$f: f(x) = y = -2x^2 + 12x - 14$$

$$\Rightarrow f': f'(x) = y' = -4x + 12$$

$$\Rightarrow f'': f''(x) = y'' = -4$$

Alles klar. Nun leite die Funktion f auf und gib drei verschiedene Stammfunktionen an. Das ist **Aufgabe 2.**

$$f: f(x) = y = -2x^2 + 12x - 14$$

$$\Rightarrow F: F(x) = Y = -\frac{2}{3}x^3 + 6x^2 - 14x$$

$$\Rightarrow F_3: F_3(x) = Y = -\frac{2}{3}x^3 + 6x^2 - 14x + 3$$

$$\Rightarrow F_{-5}: F_{-5}(x) = Y = -\frac{2}{3}x^3 + 6x^2 - 14x - 5$$

Okay, allgemein sehen die Stammfunktionen der Funktion f etwa so aus:

$$F_C: F_C(x) = Y = -\frac{2}{3}x^3 + 6x^2 - 14x + C$$

Dabei steht das C für irgendeine, beliebige reelle Zahl.

Kommen wir zur **Aufgabe 3.** Nehmen wir eine Gerade hinzu, etwa g: $g(x) = 0{,}5x + 3$. Es gibt genau eine Tangente an den Graphen von f, die parallel zur Geraden g verläuft. Bestimme ihre Funktionsgleichung.

Wir suchen also t: $t(x) = y = mx + n$. Wegen der Parallelität von t mit g muss $t(x) = y = 0{,}5x + n$ gelten. Da t den Graphen von f tangiert, muss auch $f'(x) = 0{,}5$ sein. Wegen $f'(x) = -4x + 12 = 0{,}5$ folgt $x_B = 2{,}875$ als x-Koordinate des Berührpunkts B. Die y-Koordinate y_B von B ist $f(2{,}875) = 3{,}96875$. Ich setze x_B und y_B in t ein.

$$3{,}96875 = 0{,}5 \cdot 2{,}875 + n \Rightarrow n = 2{,}53125$$

$\Rightarrow$ t: t(x) = y = 0,5x + 2,53125 und $B(2{,}875 | 3{,}96875)$

Die folgende Zeichnung soll unser Ergebnis bestätigen.

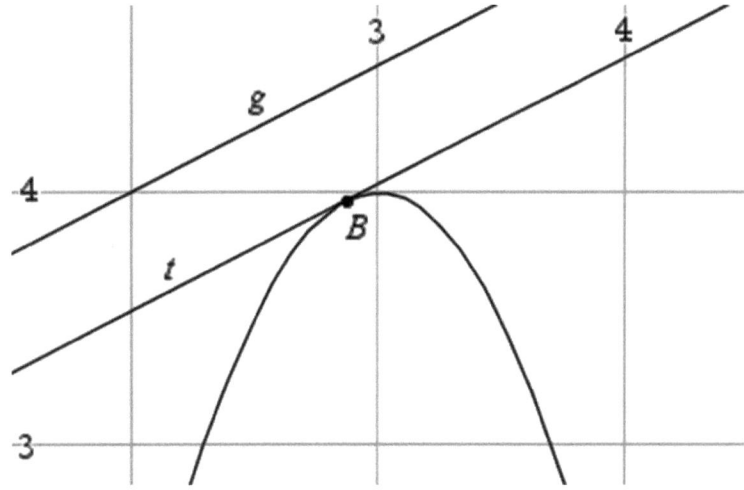

In **Aufgabe 4** sollst du zeigen, dass der Punkt $P_1(?,5 | 3,5)$ vom Brennpunkt F und von der Leitlinie l jeweils den Abstand 0,625 besitzt.

Nun, den Abstand des Punktes P_1 von der Leitlinie l hast du vermutlich sofort bestätigen können, denn wir müssen nur die y-Koordinate 3,5 des Punktes von der y-Koordinate 4,125 der Linie subtrahieren und erhalten eben als Abstand 0,625. Was den Abstand P_1 von F betrifft, so errechnen wir ebenso mit Pythagoras

$$\sqrt{(3 - 2{,}5)^2 + (3{,}875 - 3{,}5)^2} = 0{,}625.$$

In der **letzten Aufgabe** dieses Kapitels berechnest du den Flächeninhalt A der Fläche, die vom Graph der Funktion f und der Abszisse eingegrenzt wird.

Was brauchen wir? Wir brauchen die beiden Nullstellen der Funktion als Grenzen des Integrals und eine der Stammfunktionen, die wir ermittelt haben. Ich verwende die Stammfunktion $F(x) = -\frac{2}{3}x^3 + 6x^2 - 14x$.

$$A = \int_{x_1}^{x_2} f(x)\,dx = F(x_2) - F(x_1)$$

$$\Rightarrow A = \int_{3-\sqrt{2}}^{3+\sqrt{2}} f(x)\,dx \approx F(4{,}414) - F(1{,}586)$$

$$\Rightarrow A \approx -2{,}23 - (-9{,}77)$$

$$\Rightarrow A \approx 7{,}54 \text{ FE}$$

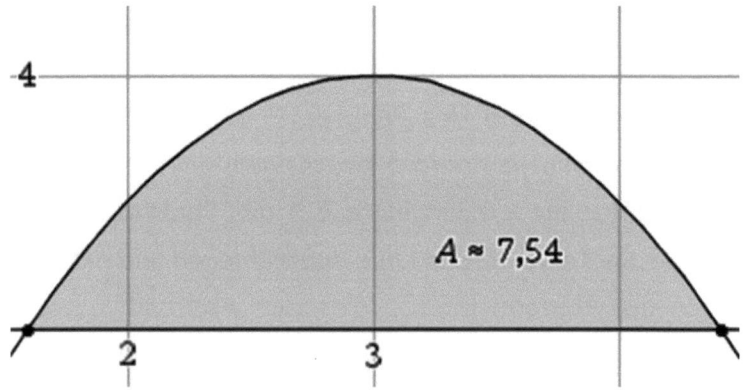

Funktion XVII

$$f: f(x) = y = a(x - d)^2 + e$$

Nehmen wir mal an, a sei positiv. Dann ist die Parabel nach oben geöffnet. Der Scheitelpunkt hat die Koordinaten $S(d|e)$. Wir wissen, dass die Parabel über dem Intervall $] -\infty ; d]$ streng monoton fallend und über dem Intervall $[d ; \infty [$ streng monoton wachsend ist. Aber wie können wir das rechnerisch nachweisen? Ich denke, es genügt, wenn wir den Beweis einmal für die strenge Monotonie über dem Intervall $[d ; \infty [$ führen.

Wir haben zu zeigen:

$$d \leq x_1 < x_2 \Rightarrow f(x_1) < f(x_2)$$

Dabei sind x_1 und x_2 zwei beliebige Argumente aus dem Intervall $[d ; \infty [$. Nur eben mit der Voraussetzung, dass x_1 mindestens so groß wie d ist und x_2 größer als x_1 ist. Dann muss immer folgen, dass der Funktionswert $f(x_2)$ an der Stelle x_2 größer ist als der Funktionswert $f(x_1)$ an der Stelle x_1. Denn genau dann ist der Graph über dem Intervall streng monoton wachsend.

Sei also $d \leq x_1 < x_2$. Dann folgt:

$$0 \leq x_1 - d < x_2 - d$$

$$\Rightarrow (x_1 - d)^2 < (x_2 - d)^2$$

$$\Rightarrow a(x_1 - d)^2 < a(x_2 - d)^2 \quad \text{(wenn } 0 < a)$$

$$\Rightarrow a(x_1 - d)^2 + e < a(x_2 - d)^2 + e$$

$$\Rightarrow f(x_1) < f(x_2)$$

Genau das war zu zeigen.

Ganz ähnlich könnten wir auch die strenge Monotonie über dem Intervall] $-\infty$; d] nachweisen. Freilich auch (für beide Intervalle) für den Fall, dass a < 0 gilt.

Das war der Theorieteil dieses Kapitels. Nun gebe ich eine Funktion in Scheitelpunktform vor. Wir werden diese untersuchen und zeichnen. Anschließend gibt es wieder einige Übungsaufgaben.

$$f: f(x) = y = -0{,}8(x + 2{,}5)^2 + 3{,}2$$

Wegen -1 < a < 0 ist die Parabel nach unten geöffnet und gestaucht. Sie hat den Scheitelpunkt $S(-2{,}5 | 3{,}2)$. Sie ist über dem Intervall] $-\infty$; - 2,5] streng monoton wachsend und über dem Intervall [-2,5 ; ∞ [streng monoton fallend. Brennpunkt F und Leitlinie l:

$$S(-2{,}5 | 3{,}2) \Rightarrow F(-2{,}5 | 3{,}2 + \frac{1}{4 \cdot (-0{,}8)}) = F(-2{,}5 | 2{,}8875)$$

$$l: y = 3{,}2 - \frac{1}{4 \cdot (-0{,}8)} = 3{,}5125$$

Schnittpunkt mit der Ordinate.

$$f(0) = -1{,}8 \Rightarrow SY(0 | -1{,}8)$$

Schnittpunkte mit der Abszisse.

Mit der a-d-e-Formel finden wir die Nullstellen von f.

$$x_{1,2} = d \pm \sqrt{-\frac{e}{a}}$$

$$\Rightarrow x_{1,2} = -2{,}5 \pm \sqrt{-\frac{3{,}2}{-0{,}8}} = -2{,}5 \pm 2$$

$$\Rightarrow x_1 = -4{,}5 \text{ und } x_2 = -0{,}5$$

$$\Rightarrow SX_1(-4{,}5|0) \text{ und } SX_2(-0{,}5|0)$$

Faktorisierte Form der Funktion f.

$$f: f(x) = y = -0{,}8(x + 0{,}5)(x + 4{,}5)$$

Allgemeine Form der Funktion f.

$$f: f(x) = y = -0{,}8(x + 2{,}5)^2 + 3{,}2$$

$$\Rightarrow f: f(x) = y = -0{,}8(x^2 + 5x + 6{,}25) + 3{,}2$$

$$\Rightarrow f: f(x) = y = -0{,}8x^2 - 4x - 1{,}8$$

oder

$$f: f(x) = y = -0{,}8(x + 0{,}5)(x + 4{,}5)$$

$$\Rightarrow f: f(x) = y = -0{,}8(x^2 + 0{,}5x + 4{,}5x + 2{,}25)$$

$$\Rightarrow f: f(x) = y = -0{,}8(x^2 + 5x + 2{,}25)$$

$$\Rightarrow f: f(x) = y = -0{,}8x^2 - 4x - 1{,}8$$

Wir haben die wichtigsten Informationen über die Funktion f beisammen und zeichnen nun den Graphen.

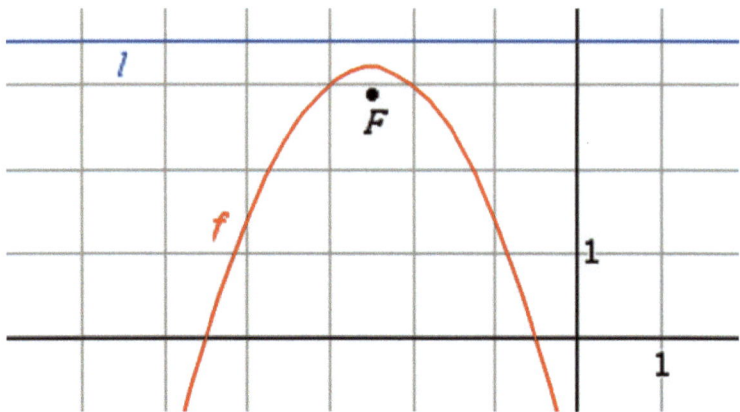

Die **erste Aufgabe** zu dieser Funktion f befasst sich mit der Bestimmung der Gleichung einer sogenannten *Normalen*. Eine Normale ist eine Gerade, die senkrecht zu einer Tangente durch deren Berührpunkt B mit dem Graphen der Funktion f verläuft. Ich veranschauliche eine solche Normale erst einmal mit einer Zeichnung.

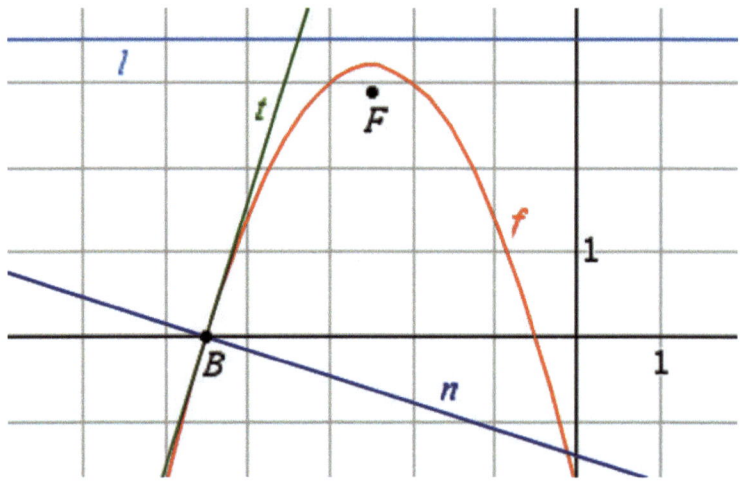

In der Zeichnung habe ich den Berührpunkt $B(-4,5|0)$ gewählt. Du siehst sowohl die Tangente t (grün) als auch die Normale n (dunkelblau). Wie können wir die Gleichung der Normalen n bestimmen?

Entscheidend ist natürlich, dass wir die Informationen, die wir haben, nutzen. Wir wissen, dass der Punkt B auf der Normalen liegt. Und wir hatten gesagt, dass die Normale n senkrecht zur Tangente t verläuft. Somit besteht ein fester Zusammenhang zwischen der Steigung m_n der Normalen n und der Steigung $f'(-4,5)$ der Parabel an der Stelle $x_B = -4,5$. Dieser Zusammenhang lässt sich mit einer Gleichung aussagen.

$$m_n = -\frac{1}{m_t} = -\frac{1}{f'(-4,5)}$$

Genau dann nämlich, wenn $m_n = -\frac{1}{m_t}$ gilt, dann sind die Geraden t und n senkrecht zueinander.

Es führt also kein Weg vorbei an der Ableitung von f:

$$f: f(x) = y = -0,8x^2 - 4x - 1,8$$

$$\Rightarrow f': f'(x) = y' = -1,6x - 4$$

$$\Rightarrow f'(-4,5) = 3,2 = m_t$$

$$\Rightarrow m_n = -\frac{1}{3,2} = -0,3125$$

Die Normale muss also die Steigung $m_n = -0,3125$ haben und den Berührpunkt $B(-4,5|0)$ enthalten.

$$n: n(x) = y = m_n x + n^*$$

Da ich den Buchstaben n als Namen für die Normale gewählt habe, bezeichne ich den Achsenabschnittsparameter mit n^*. Einsetzen der Werte liefert:

$$n(-4,5) = 0 = -0,3125 \cdot (-4,5) + n^*$$

$$\Rightarrow 0 = 1,40625 + n^*$$

$$\Rightarrow n^* = -1,40625$$

Wir haben m_n und n^* berechnet und können daher nun die Gleichung der Normalen n notieren:

$$n: n(x) = y = -0,3125x - 1,40625$$

Für die **zweite Aufgabe** habe ich bereits eine Zeichnung angefertigt, ich stelle sie gerade hier ein.

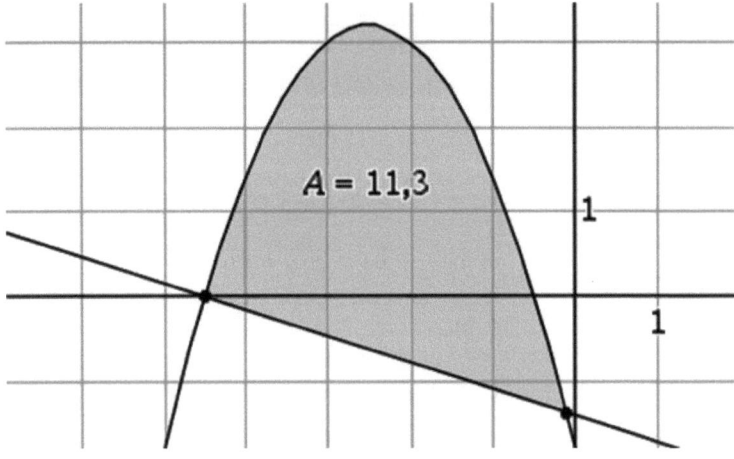

In der Zeichnung siehst du wieder die Funktion f (Parabel) und die Normale n (Gerade). Es geht mir nun um jene Fläche (A = 11,3), die von den beiden Graphen eingeschlossen oder eingegrenzt wird. Erinnerst du dich, wie man den Inhalt einer solchen Fläche berechnen kann? Ich schildere hier gerade nochmal die Vorgehensweise. Zunächst bestimmen wir die Integrationsgrenzen des Integrals, mit dem wir den Flächeninhalt berechnen werden. Diese Integrationsgrenzen, nennen wir sie x_l und x_r, ergeben sich durch die beiden Schnittpunkte der Graphen. Den einen Schnittpunkt (und somit die Integrationsgrenze x_l) kennen wir ja, dieser ist der Berührpunkt B. Wenn wir die andere Schnittstelle berechnet und somit auch die Integrationsgrenze x_r bestimmt haben, bilden wir die Differenzfunktion f – n (f zuerst, denn f verläuft oberhalb von n) und bestimmen deren Stammfunktion. Mit dieser Stammfunktion ermitteln wir schließlich den Wert jenes Integrals. Soweit der Plan.

Beginnen wir also mit der Berechnung der zweiten Schnittstelle der beiden Graphen. Dazu setzen wir die Funktionsterme einander gleich.

$$f(x) = -0,8x^2 - 4x - 1,8 = -0,3125x - 1,40625 = n(x)$$

$$\Rightarrow -0,8x^2 - 3,6875x - 0,39375 = 0$$

Ich dividere durch – 0,8.

$$\Rightarrow x^2 + \frac{295}{64} x + \frac{63}{128} = 0$$

Anwendung der p-q-Formel.

$$x_{l,r} = -\frac{295}{128} \pm \sqrt{\left(\frac{295}{128}\right)^2 - \frac{63}{128}}$$

$$\Rightarrow x_l = -4,5 \text{ und } x_r = -\frac{7}{64}$$

Sehr hübsch, x_l kannten wir ohnehin schon, aber x_r als obere Integrationsgrenze kennen wir nun auch.

Nun bilden wir die Differenzfunktion f – n.

(Verwechsle bitte diese Differenz nicht mit jener Differenz, die wir nachher noch bei der Berechnung des Integrals zu bilden haben.)

$$f(x) - n(x) = -0,8x^2 - 3,6875x - 0,39375$$

Diesen Term hatten wir eben schon verwendet bei der Berechnung der Integrationsgrenzen. Die Differenzfunktion f - n wird der Integrand des Integrals sein, daher brauchen wir eine ihrer Stammfunktionen.

$$D_{fg}(x) = \int f(x) - n(x)\, dx$$

$$\Rightarrow D_{fg}(x) = \int -0,8x^2 - 3,6875x - 0,39375\, dx$$

$$\Rightarrow D_{fg}(x) = -\frac{0,8}{3} x^3 - \frac{3,6875}{2} x^2 - \frac{0,39375}{1} x + 5$$

$$\Rightarrow D_{fg}(x) = -\frac{4}{15} x^3 - \frac{59}{32} x^2 - \frac{63}{160} x + 5$$

Du weißt ja, bei den Stammfunktionen kann man beliebig irgendeine Zahl (hier 5) addieren. Du wirst sehen, diese 5 spielt bei der Berechnung des Flächeninhalts letztlich keine Rolle.

Nun können wir den gesuchten Flächeninhalt als Integral über dem Intervall [x_l ; x_r] berechnen.

$$A = \int_{x_l}^{x_r} f(x) - n(x)\, dx$$

$$\Rightarrow A = D_{fg}(x_r) - D_{fg}(x_l)$$

Die Differenz, die wir hier bilden, ist die Differenz der Werte der Stammfunktion D_{fg}, ausgewertet an den Integrationsgrenzen x_r und x_l. Verwechsle diese Differenz nicht mit jener Differenz der Funktionen f und n.

$$A = -\frac{4}{15}x_r^3 - \frac{59}{32}x_r^2 - \frac{63}{160}x_r + 5 - (-\frac{4}{15}x_l^3 - \frac{59}{32}x_l^2 - \frac{63}{160}x_l + 5)$$

$$\Rightarrow A = -\frac{4}{15}x_r^3 - \frac{59}{32}x_r^2 - \frac{63}{160}x_r + \frac{4}{15}x_l^3 + \frac{59}{32}x_l^2 + \frac{63}{160}x_l$$

Siehst du, die beiden 5er sind gerade weggefallen, sie haben sich gegenseitig aufgehoben. Nun müssen wir die Integrationsgrenzen $x_r = -\frac{7}{64}$ und $x_l = -4{,}5$ einsetzen. Ich muss dies wohl nicht alles hinschreiben.

$$\Rightarrow A = 0{,}021 + 11{,}264 = 11{,}285 \text{ FE}$$

Wir haben bestätigt, dass die Fläche zwischen den Graphen der Funktionen f und n in etwa den Flächeninhalt 11,3 FE besitzt.

177

Zum Abschluss dieses Kapitels zwei leichtere Fragen. **Wie groß** ist der (kleinere) Winkel zwischen der Normalen n und der Ordinate?

Die Normale n hat die Steigung m_n = - 0,3125. Der Winkel zur Horizontalen beträgt also

$$\alpha = |\tan^{-1}(- 0,3125)|$$

$$\Rightarrow \alpha \approx 17,4°$$

Der (kleinere) Winkel zwischen der Normalen n und der Ordinate beträgt demnach 90° - 17,4° = 72,6°.

Wie groß ist der Flächeninhalt des Dreiecks, das von der Normalen n und den Koordinatenachsen eingeschlossen wird?

Nun, um diese Frage beantworten zu können, benötigen wir freilich die Schnittstellen der Normalen n mit den Achsen. Die Normale schneidet die Abszisse an der Stelle x = - 4,5 und die Ordinate bei y = - 1,40625. Daher haben wir die Kathetenlängen 4,5 und 1,40625.

$$A_{Dreieck} = \frac{4,5 \cdot 1,40625}{2} \approx 3,164 \text{ FE}$$

Im nächsten Kapitel nehmen wir uns eine quadratische Funktion in faktorisierter Form vor. Wir werden nochmal einige Inhalte und Verfahren wiederholen.

Funktion XVIII

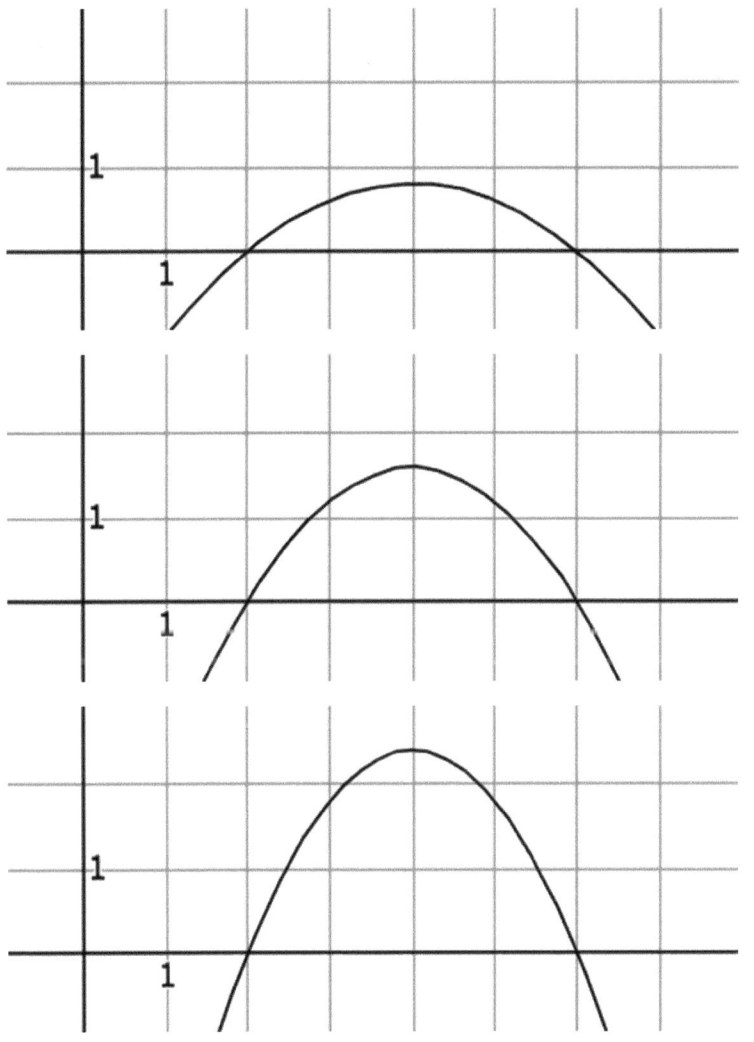

Drei unterschiedliche Parabeln, die aber doch eine Gemeinsamkeit haben. Die Nullstellen 2 und 6. Wie viele Parabeln gibt es mit eben diesen beiden Nullstellen? Die Antwort lautet natürlich: Es gibt unendlich viele dieser Parabeln. Sie unterscheiden sich in der Ausprägung des Parameters a. Es bietet sich an, diese Parabeln mit der faktorisierten Form quadratischer Funktionen zu erfassen.

$$f_a: f_a(x) = y = a(x - 2)(x - 6)$$

Bleiben wir doch mal einige Momente bei dieser Darstellung. Dann haben wir es nicht nur mit einer einzigen Funktion zu tun, sondern mit einer sogenannten *Funktionenschar*. Wir könnten doch den Achsenabschnitt, den Scheitelpunkt, den Brennpunkt und die Leitlinie in Abhängigkeit vom Parameter a bestimmen. Dann haben wir dies für alle (für unendlich viele) Funktionen dieser Sorte erledigt.

Also, los geht's. Den Achsenabschnitt erhalten wir natürlich mit dem Ansatz $f_a(0) = a(0 - 2)(0 - 6) = 12a$.

$$\Rightarrow SY(0|12a)$$

Der Scheitelpunkt liegt mittig zwischen den Nullstellen, somit gilt $x_S = 4$. Und mit $f_a(4) = y_S = -4a$ folgt:

$$S(4|-4a)$$

Der Brennpunkt F und die Leitlinie l ergeben sich aus dem Scheitelpunkt S.

$$S(4|-4a) \Rightarrow F(4|-4a + \tfrac{1}{4a})$$

$$l: y = -4a - \tfrac{1}{4a}$$

Ich fasse zusammen. Für die Funktionenschar f_a gilt:

$$SY(0|12a); \ SX_1(2|0); \ S(4|-4a); \ SX_2(6|0)$$

$$F(4|-4a + \tfrac{1}{4a}) \text{ und } l: y = -4a - \tfrac{1}{4a}$$

Für $a < 0$ sind die Funktionen der Schar streng monoton wachsend über dem Intervall $]-\infty ; 4]$ und streng monoton fallend über dem Intervall $[4 ; \infty[$. Die Kurven weisen eine Rechtskrümmung auf.

Für $0 < a$ sind die Funktionen der Schar streng monoton fallend über dem Intervall $]-\infty ; 4]$ und streng monoton wachsend über dem Intervall $[4 ; \infty[$. Die Kurven weisen eine Linkskrümmung auf.

Natürlich können wir die Funktionenschar ableiten.

$$f_a: f_a(x) = y = a(x-2)(x-6)$$

$$\Rightarrow f_a: f_a(x) = y = ax^2 - 8ax + 12a$$

$$\Rightarrow f_a': f_a'(x) = y' = 2ax - 8a$$

Und wir können sie aufleiten.

$$\Rightarrow F_a: F_a(x) = Y = \tfrac{a}{3} x^3 - 4ax^2 + 12ax$$

Ich habe mir gedacht, wir wählen uns nun eine dieser Funktionen der Schar aus und wenden unsere Ergebnisse auf diese an. Wie wär's mit a = -2,5?

$$f_{-2,5}: f_{-2,5}(x) = y = -2,5(x - 2)(x - 6)$$

Ich nenne diese Funktion nun aber, wie gewohnt, einfach nur f. Aber wir denken daran, dass es sich um ein Exemplar aus der Schar der Funktionen handelt.

$$f: f(x) = y = -2,5(x - 2)(x - 6)$$

Es ist nun ein Kinderspiel, die wichtigsten Tatsachen diese Funktion betreffend zusammenzustellen.

$$SY(0|12a); \, SX_1(2|0); \, S(4|-4a); \, SX_2(6|0)$$

$$F(4|-4a + \frac{1}{4a}) \text{ und } l: y = -4a - \frac{1}{4a}$$

$$\mathbf{a = -2,5} \Rightarrow$$

$$SY(0|-30); \, SX_1(2|0); \, S(4|10); \, SX_2(6|0)$$

$$F(4|9,9) \text{ und } l: y = 10,1$$

Die Funktion ist nach unten geöffnet und gestreckt. Die Aussagen zur strengen Monotonie gelten entsprechend natürlich auch für diese Funktion. Die Parabel weist eine Rechtskrümmung auf.

Es folgt die Zeichnung der Parabel. Die Abbildung fokussiert auf den Scheitelpunkt und den Brennpunkt.

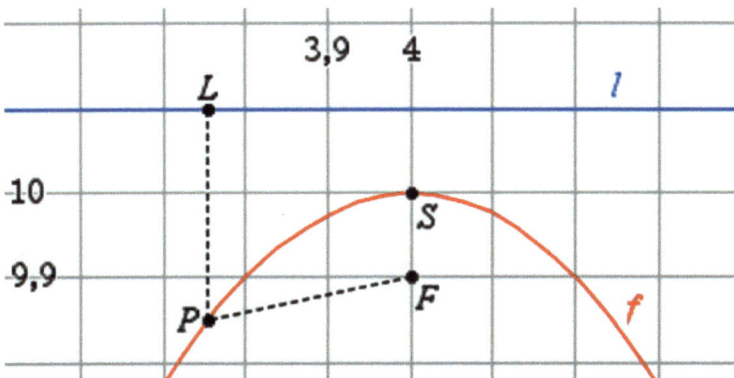

Natürlich gilt auch hier wieder *FP = LP*. Wobei *P* als Parabelpunkt beliebig gewählt werden kann.

Lass uns eine (etwas schwierigere) Aufgabe bearbeiten. Es gibt zwei Punkte auf dieser Parabel, deren Abstand voneinander 12 beträgt. Die Steigung der Parabel in den beiden Punkten ist jeweils positiv. Die eine Steigung ist um 5 größer als die andere Steigung.

Von welchen beiden Punkten ist hier die Rede?

Ich weiß nun nicht, ob du schon die Lösung des Problems gefunden hast. Aber ich würde die Sache so anpacken, dass ich den gesuchten Punkten erst einmal Namen verpasse. Ich nenne sie $P(p_1|p_2)$ und $Q(q_1|q_2)$. Ich gehe davon aus, dass $p_1 < q_1 < 4 = x_S$.

Dies muss so sein, da ja nur dann die Steigung der Parabel an diesen beiden Stellen jeweils positiv ist. Folglich gilt dann auch $f(p_1) < f(q_1) < 10 = y_S$.

Aufgrund der Bedingungen sollte gelten:

$$\text{①} \sqrt{(q_1 - p_1)^2 + (q_2 - p_2)^2} = 12$$

$$\text{②} \ f'(p_1) = f'(q_1) + 5$$

Da die Parabel eine Rechtskrümmung aufweist, nimmt die Steigung der Parabel ab (von links nach rechts betrachtet). Somit ist es klar, dass $f'(p_1) > f'(q_1)$. Deswegen muss der Summand 5 in der Gleichung da stehen, wo er jetzt steht.

Mit $p_2 = f(p_1)$ und $q_2 = f(q_1)$ schreiben wir:

$$\text{①} \sqrt{(q_1 - p_1)^2 + \left(f(q_1) - f(p_1)\right)^2} = 12$$

$$\text{②} \ f'(p_1) = f'(q_1) + 5$$

Wie lauteten nochmal f_a und f'_a?

$$f_a: f_a(x) = y = ax^2 - 8ax + 12a$$

$$\Rightarrow f_a': f_a'(x) = y' = 2ax - 8a$$

Für unsere Funktion f mit a = -2,5 bedeutet dies:

$$f: f(x) = y = -2{,}5x^2 + 20x - 30$$

$$\Rightarrow f_a': f_a'(x) = y' = -5x + 20$$

Ich nehme mir Bedingung ② zur Brust:

$$\text{②} \ f'(p_1) = -5p_1 + 20 = -5q_1 + 20 + 5 = f'(q_1) + 5$$

$$\Rightarrow p_1 = q_1 - 1$$

Wir haben p_1 durch q_1 ausgedrückt und merken uns das. Nun zur Bedingung ①.

$$① \ \sqrt{(q_1 - p_1)^2 + (f(q_1) - f(p_1))^2} = 12$$

$$\Rightarrow (q_1 - p_1)^2 + (f(q_1) - f(p_1))^2 = 144$$

Anwendung der 2. binomischen Formel.

$$\Rightarrow q_1^2 - 2q_1p_1 + p_1^2 + f(q_1)^2 - 2f(q_1)f(p_1) + f(p_1)^2 = 144$$

Um mir etwas Arbeit zu ersparen, schreibe ich ab jetzt p für p_1 und q für q_1.

$$\Rightarrow q^2 - 2qp + p^2 + f(q)^2 - 2f(q)f(p) + f(p)^2 = 144$$

$$\Rightarrow q^2 - 2qp + p^2$$

$$+ (-2{,}5q^2 + 20q - 30)^2$$

$$- 2(-2{,}5q^2 + 20q - 30)(-2{,}5p^2 + 20p - 30)$$

$$+ (-2{,}5p^2 + 20p - 30)^2$$

$$= 144$$

$$\Rightarrow q^2 - 2qp + p^2$$

$$+ 6{,}25q^4 - 100q^3 + 550q^2 - 1200q + 900$$

$$- 13q^2p^2 + 100(q^2p + qp^2) - 150(q^2 + p^2) + 1200(q + p) - 800qp - 1800$$

$$+ 6{,}25p^4 - 100p^3 + 550p^2 - 1200p + 900$$

$$= 144$$

Das sieht komplizierter aus, als es ist.

$$\Rightarrow 6{,}25q^4 - 100q^3 + 401q^2$$

$$- 13q^2p^2 + 100(q^2p + qp^2) - 802qp$$

$$+ 6{,}25p^4 - 100p^3 + 401p^2$$

$$= 144$$

$$\Rightarrow 6{,}25(q^4 + p^4) - 100(q^3 + p^3) + 401(q^2 + p^2)$$

$$- 13q^2p^2 + 100(q^2p + qp^2) - 802qp$$

$$= 144$$

$$\Rightarrow 6{,}25(q^4 - 2q^2p^2 + p^4) - 100(q^3 - q^2p - qp^2 + p^3) + 401(q^2 - 2qp + p^2) = 144$$

$$\Rightarrow 6{,}25(q^2 - p^2)^2 - 100(q^2 - p^2)(q - p) + 401(q - p)^2 = 144$$

Wir verwenden für $p = p_1$ den Term $q - 1 = q_1 - 1$.

$$\Rightarrow 6{,}25(q^2 - (q - 1)^2)^2 - 100(q^2 - (q - 1)^2) \cdot 1 + 401 \cdot 1^2 = 144$$

$$\Rightarrow 6{,}25(2q - 1)^2 - 100(2q - 1) + 401 = 144$$

$$\Rightarrow 6{,}25(4q^2 - 4q + 1) - 200q + 100 + 401 = 144$$

$$\Rightarrow 25q^2 - 25q + 6{,}25 - 200q + 501 = 144$$

$$\Rightarrow 25q^2 - 225q + 363{,}25 = 0$$

$$\Rightarrow q^2 - 9q + 14{,}53 = 0$$

$$\Rightarrow q = 2{,}11 \text{ oder } q = 6{,}89$$

Da wir gefordert haben, dass $f'(p)$ und $f'(q)$ positiv sein sollen, kommt nur $q = 2{,}11$ in Frage. Denn an der Stelle $6{,}89$ befinden wir uns rechts vom Scheitelpunkt, dort, wo die Parabel zur Funktion f streng monoton fällt.

Mit q = 2,11 folgt p = 1,11.

$\Rightarrow$ f(1,11) = -10,88 und f(2,11) = 1,07

Es handelt sich um gerundete Werte. Das war's, wir haben die Koordinaten der Punkte P und Q gefunden.

P(1,11|-10,88) und Q(2,11|1,07)

Wir sollten aber noch die Probe machen, ob diese beiden Punkte tatsächlich die von uns aufgestellten Bedingungen erfüllen. Unsere erste Bedingung war, dass der Abstand der beiden Punkte voneinander 12 betragen soll. Wir setzen unsere Werte in ① ein.

$$\text{①} \sqrt{(q_1 - p_1)^2 + (f(q_1) - f(p_1))^2} = 12$$

$$\Rightarrow \sqrt{(2,11 - 1,11)^2 + \left(1,07 - (-10,88)\right)^2} = 12$$

$$\Rightarrow \sqrt{1^2 + 11,95^2} = 12$$

$$\Rightarrow 11,99 = 12$$

Ich denke, das geht in Ordnung. Die geringe Differenz geht zu Lasten der vorherigen Rundungen. Nun prüfe ich auch noch Bedingung ②.

$$\text{②} \; f'(p_1) = f'(q_1) + 5$$

$$\Rightarrow -5 \cdot 1,11 + 20 = -5 \cdot 2,11 + 20 + 5$$

$$\Rightarrow 14,45 = 9,45 + 5 = 14,45$$

Auch Bedingung ② ist erfüllt. Die Steigung der Funktion f in den Punkten P und Q ist jeweils positiv und die in P ist um 5 größer als jene in Q.

Eine Zeichnung soll den Sachverhalt veranschaulichen.

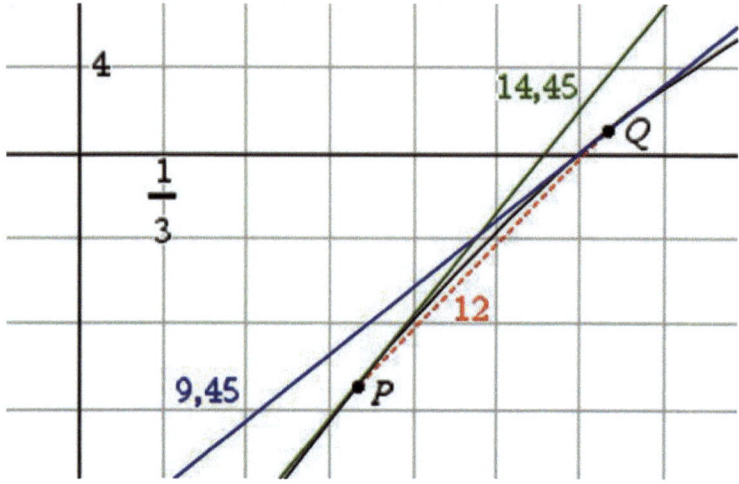

Die Strecke PQ hat die Länge 12.

Die Tangente an Berührpunkt P hat die Steigung 14,45.

Die Tangente an Berührpunkt Q hat die Steigung 9,45.

Es folgt das vorletzte Kapitel. In diesem werden wir noch einmal eine Funktionenschar betrachten, den Begriff der Ortskurve kennenlernen und eine Extremwertaufgabe bearbeiten.

Funktion XIX

$$f_a: f_a(x) = y = ax^2 + 4x + 8$$

Wie versprochen eine weitere Schar quadratischer Funktionen. Im Unterschied zur vorherigen Schar ist diese hier in allgemeiner Form gegeben. Die einzelnen Funktionen haben daher lediglich die Gemeinsamkeit, dass sie alle die Ordinate im Punkt $SY(0|8)$ schneiden. Eine erste Frage, die sich mir und dir hier stellt, ist die nach dem Scheitelpunkt dieser Funktionen. Wir hatten an früherer Stelle herausgefunden, dass in Abhängigkeit von den Parametern a, b und c gilt:

$$S(-\tfrac{b}{2a}|c - \tfrac{b^2}{4a})$$

Mit b = 4 und c = 8 erhalten wir also den Scheitelpunkt

$$S_a(-\tfrac{4}{2a}|8 - \tfrac{4^2}{4a}) = S_a(-\tfrac{2}{a}|8 - \tfrac{4}{a})$$

der Funktionenschar f_u.

Brennpunkt und Leitlinie der Funktionen folgen, wie immer, aus dem Scheitelpunkt.

$$S_a(-\tfrac{2}{a}|8 - \tfrac{4}{a}) \Rightarrow F_a(-\tfrac{2}{a}|8 - \tfrac{4}{a} + \tfrac{1}{4a})$$

$$\Rightarrow F_a(-\tfrac{2}{a}|8 - \tfrac{15}{4a})$$

$$l_a: y = 8 - \tfrac{4}{a} - \tfrac{1}{4a} = 8 - \tfrac{17}{4a}$$

Ich denke, zur Monotonie und zur Krümmung müssen wir hier nichts mehr schreiben, das sollte klar sein. Aber die Nullstellen geben wir noch an.

$$x_{1,2} = \frac{-b \pm \sqrt{b^2 - 4ac}}{2a}$$

$$\Rightarrow x_{1,2} = \frac{-4 \pm \sqrt{16 - 32a}}{2a}$$

Die Funktionen der Schar haben genau dann zumindest eine Nullstelle, wenn $0 \leq 16 - 32a \Leftrightarrow a \leq 0{,}5$ gilt. Dabei ist freilich a ungleich 0 wie immer vorausgesetzt.

Ich fasse zusammen. Für die Funktionenschar f_a gilt:

$$SY(0|8) \text{ und } S_a(-\frac{2}{a}|8 - \frac{4}{a})$$

$$F_a(-\frac{2}{a}|8 - \frac{15}{4a}) \text{ und } I_a\colon y = 8 - \frac{17}{4a}$$

$$\text{Nullstellen } x_{1,2} = \frac{-4 \pm \sqrt{16 - 32a}}{2a} \text{ für } 0 \neq a \leq 0{,}5$$

Im Unterschied zur Funktionenschar des letzten Kapitels, schneiden die Funktionen der Schar f_a die Abszisse jetzt an unterschiedlichen Stellen, wenn sie sie überhaupt schneiden. Auch die Scheitelpunkte liegen nicht mehr senkrecht übereinander. Sie liegen auf einer Kurve, die wir *Ortskurve* nennen. Diese Kurve ist berechenbar. Das wollte ich dir gern noch zeigen.

Wir schauen uns den Scheitelpunkt beziehungsweise die Scheitelpunkte nochmal genau an:

$$S_a\left(-\frac{2}{a}\middle|8-\frac{4}{a}\right)$$

Für die x-Koordinate der Scheitelpunkte gilt stets:

$$x = -\frac{2}{a}$$

Und für die y-Koordinate der Scheitelpunkte gilt:

$$y = 8 - \frac{4}{a}$$

Aus diesen beiden Gleichungen basteln wir uns eine Ortskurve, auf welcher dann die Scheitelpunkte liegen.

$$x = -\frac{2}{a} \Rightarrow a = -\frac{2}{x}$$

Wir wissen nun, was a ist, ausgedrückt durch x. Den Term $-\frac{2}{x}$ setzen wir ein in $y = 8 - \frac{4}{a}$.

$$\Rightarrow y = 8 - \frac{4}{-\frac{2}{x}} = 8 - 4 \cdot \left(-\frac{x}{2}\right) = 8 + 2x$$

$$\Rightarrow y = 2x + 8$$

Die Ortskurve ist eine Gerade. Ihre Gleichung ist linear. Beachte: Wegen $x = -\frac{2}{a}$ gilt $x \neq 0$. Dies bedeutet, dass der Punkt $SY(0|8)$ der Gerade nicht als Scheitelpunkt der Funktionenschar vorkommt.

Auf der folgenden Seite zeichne ich einige Funktionen der Schar f_a. Es ist gut zu sehen, dass die Scheitelpunkte S_a allesamt auf der Geraden mit der Gleichung $y = 2x + 8$, der Ortskurve der Scheitelpunkte, liegen.

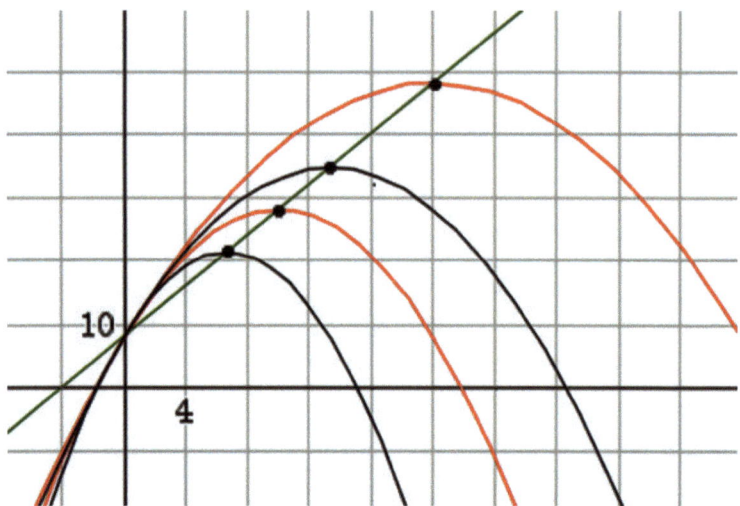

Die Ortskurve (grün) mit der Gleichung y = 2x + 8 enthält alle Scheitelpunkte der Funktionen der Schar f_a.

Wir können nun unsere Ergebnisse auf ein konkretes
Exemplar unserer Funktionenschar anwenden.

$$f: f(x) = y = -0{,}125x^2 + 4x + 8$$

$$\Rightarrow f': f'(x) = y' = -0{,}25x + 4$$

Allgemein hatten wir festgestellt:

$$SY(0|8) \text{ und } S_a\left(-\frac{2}{a} \middle| 8 - \frac{4}{a}\right)$$

$$F_a\left(-\frac{2}{a} \middle| 8 - \frac{15}{4a}\right) \text{ und } l_a: y = 8 - \frac{17}{4a}$$

$$\text{Nullstellen } x_{1,2} = \frac{-4 \pm \sqrt{16 - 32a}}{2a} \text{ für } 0 \neq a \leq 0{,}5$$

Speziell für unsere Funktion f heißt das:

$$SY(0|8) \text{ und } S(16|40)$$

$$F(16|38) \text{ und } l: y = 42$$

$$\text{Nullstellen } x_1 = 16 - 8\sqrt{5} \text{ und } x_2 = 16 + 8\sqrt{5}$$

$$\Rightarrow x_1 \approx -1{,}89 \text{ und } x_2 \approx 33{,}89$$

Auch das halten wir im Bild fest.

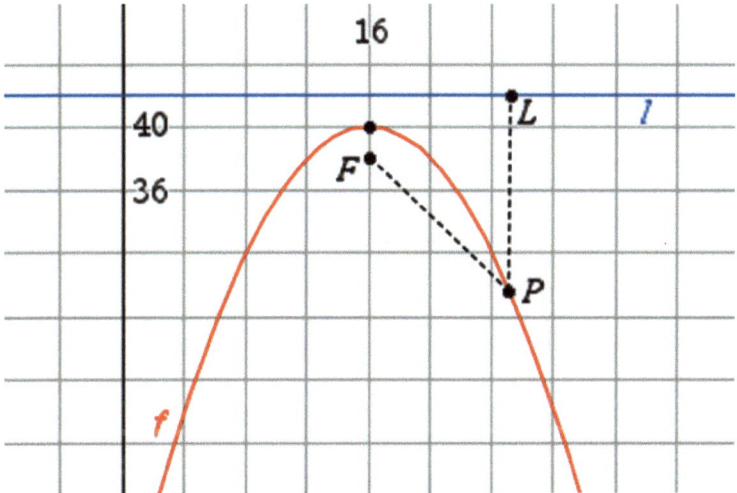

Wir haben schon lange keine Punktprobe mehr durchgeführt. Der Punkt (8|32) scheint auf der Parabel zu liegen. Bestätige es oder widerlege es.

$$f: f(x) = y = -0{,}125x^2 + 4x + 8$$

$$\Rightarrow f(8) = -0{,}125 \cdot 64 + 4 \cdot 8 + 8 = -8 + 32 + 8 = 32$$

Der Punkt (8|32) liegt auf der Parabel, denn f(8) = 32.

Nächste Frage. Wie groß ist die Steigung der Parabel im Punkt (8|32)? Wir berechnen f'(8).

$$f': f'(x) = y' = -0{,}25x + 4$$

$$\Rightarrow f'(8) = -0{,}25 \cdot 8 + 4 = 2$$

Dann sollte es uns jetzt nicht schwerfallen, die Gleichung der Tangente zu bestimmen, die die Parabel im Punkt (8|32) tangiert.

$$t: t(x) = y = mx + n$$

$$\Rightarrow 32 = 2 \cdot 8 + n$$

$$\Rightarrow n = 16$$

Wir haben m und n bestimmt und notieren:

$$\Rightarrow t: t(x) = y = 2x + 16$$

Den Abschluss dieses Kapitels bildet eine Extremwertaufgabe. In der folgenden Zeichnung siehst du ein Rechteck (grün), das in einer bestimmten Art und Weise in den Verlauf der Parabel eingefügt worden ist. Ziel ist es, den Punkt Q so zu berechnen, sodass der Flächeninhalt des Rechtecks maximal wird.

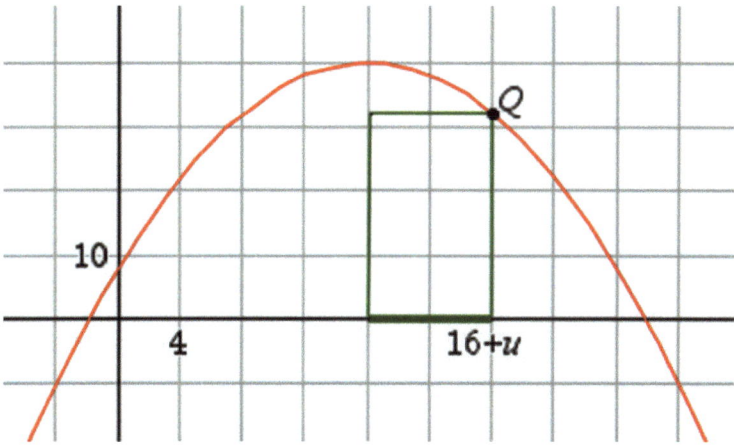

Für den Punkt Q gilt offensichtlich Q(16+u|f(16+u)). Dabei ist u eine positive reelle Zahl. Wegen der zweiten Nullstelle $x_2 = 16 + 8\sqrt{5}$ sollte u demnach kleiner als $8\sqrt{5}$ sein. Ansonsten würde sich nicht ein solches Rechteck ergeben, wie wir es hier eingezeichnet haben. Insgesamt gilt also $0 < u < 8\sqrt{5}$.

Die einleitende Frage bei Extremwertaufgaben ist für mich immer folgende:

Was soll extremal werden?

Die Antwort lautet:

Der Flächeninhalt des Rechtecks soll maximal werden.

Daher formuliere ich diesen Flächeninhalt als Gleichung und bediene mich dabei der entsprechenden Formel aus der Elementargeometrie.

$$A_{Rechteck} = a \cdot b$$

Zwei Buchstaben (a und b) sind hier wieder einer zu viel. Wir ersetzen beide durch den Buchstaben u. Denn, wenn wir den Buchstaben a für die horizontale Seite des Rechtecks verwenden, so gilt ja gerade a = u. Die Seitenlänge b der vertikalen Seite des Rechtecks entspricht aber dem Funktionswert der Funktion f an der Stelle 16 + u. Folglich schreiben wir b = f(16 + u). Somit ergibt sich für unsere Flächenformel:

$$A_{Rechteck}(u) = u \cdot f(16 + u)$$

$$\Rightarrow A_{Rechteck}(u) = u \cdot (-0,125 \cdot (16 + u)^2 + 4 \cdot (16 + u) + 8)$$

Hier haben wir im Funktionsterm der Funktion f die Variable x durch 16 + u ersetzt.

Die Funktion $A_{Rechteck}$ nennen wir Zielfunktion. Sie berechnet den jeweiligen Flächeninhalt des Rechtecks in Abhängigkeit von u. Die Frage ist, für welches u, innerhalb der vorgegebenen Grenzen versteht sich, die Zielfunktion $A_{Rechteck}$ ihren Maximalwert annimmt. Wir suchen also den (lokalen) Hochpunkt der Zielfunktion. Daher erscheint es mir sinnvoll, den Funktionsterm zu vereinfachen, damit wir ihn ableiten können.

$$A_{Rechteck}(u) = u \cdot (- 0{,}125 \cdot (16 + u)^2 + 4 \cdot (16 + u) + 8)$$

$$\Rightarrow A_{Rechteck}(u) = u \cdot (- 0{,}125 \cdot (256 + 32u + u^2) + 4u + 72)$$

$$\Rightarrow A_{Rechteck}(u) = u \cdot (-32 - 4u - 0{,}125u^2 + 4u + 72)$$

$$\Rightarrow A_{Rechteck}(u) = u \cdot (- 0{,}125u^2 + 40)$$

$$\Rightarrow A_{Rechteck}(u) = - 0{,}125u^3 + 40u$$

Das sieht doch nun viel freundlicher aus. In dieser Gestalt ist es ein Kinderspiel, die Funktion abzuleiten.

Aber zuvor zeichne ich mal die Zielfunktion, damit du sie vor Augen hast.

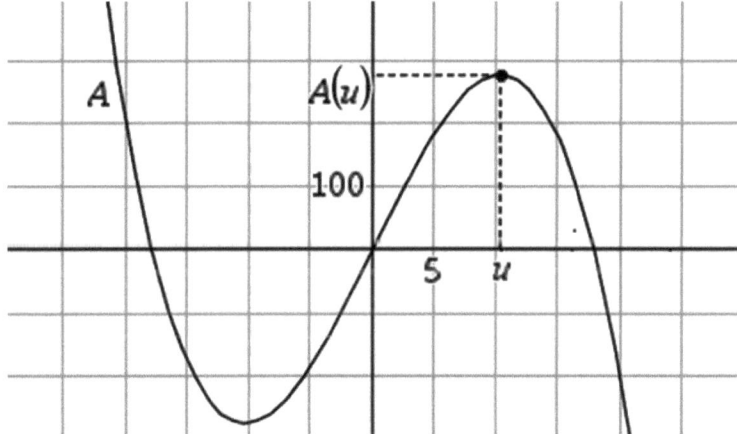

Du siehst den Graph der Funktion $A_{Rechteck}$. Er hat einen (lokalen) Hochpunkt bei knapp über 10. Genau dann also, wenn u bei knapp über 10 liegt, hat die Fläche jenes Rechtecks einen maximalen Inhalt. Den genauen Wert für u bestimmen wir nun mit der Ableitung von A.

Du weißt ja, in einem Hochpunkt ist die Steigung des Graphen gleich 0, daher bilden wir die Ableitung der Zielfunktion $A_{Rechteck}$ und setzen sie dann gleich 0.

$$\Rightarrow A_{Rechteck}{'}(u) = -0{,}375u^2 + 40$$

Die Ableitung der Zielfunktion ist eine reinquadratische Funktion. Der Scheitelpunkt einer solchen Funktion liegt direkt auf der Ordinate und hat hier die Koordinaten $S(0|40)$. Wegen $-0{,}375 < 0$ ist die Parabel nach unten geöffnet und hat somit eine negative und eine positive Nullstelle.

$$\Rightarrow -0{,}375u^2 + 40 = 0$$

$$\Rightarrow u^2 = \frac{-40}{-0{,}375} = 106{,}\overline{6}$$

$$\Rightarrow u = \sqrt{106{,}\overline{6}} \approx 10{,}33$$

Ich habe hier nur die positive Nullstelle der Ableitung angegeben, da nur sie als Ergebnis für den gesuchten Wert von u in Frage kommt. Die 10,33 entspricht unserer Aussage **knapp über 10**, die wir aufgrund der Zeichnung gemacht hatten. Für $u = \sqrt{106{,}\overline{6}} \approx 10{,}33$ hat jenes Rechteck einen maximalen Flächeninhalt. Dieser beträgt $A_{Rechteck}(10{,}33) \approx 275{,}4$ FE.

Ich berechne noch die Koordinaten des Punktes Q.

$$Q(16{+}u|f(16{+}u)) = Q(16 + \sqrt{106{,}\overline{6}}|26{,}\overline{6}) \approx Q(26{,}3|26{,}7)$$

Funktion XX

Im letzten Kapitel dieses Buches gehen wir (nochmal) ein klein wenig über die eigentliche Thematik dieses Buches hinaus. In Gedanken nehmen wir ein Seil und verwenden dieses als Umfangslinie eines **gleichschenkligen** Trapezes. Das Seil habe eine Länge von 10 Metern. Der Umfang des Trapezes ist somit vorgegeben. Nun stellen wir eine zusätzliche Bedingung an das Trapez. Die beiden **parallelen** Seiten des Trapezes sollen im Verhältnis 2:1 stehen. Mit anderen Worten, die eine Seite soll doppelt so lang sein wie die andere. Damit wir uns das besser vorstellen können, zeichne ich hier mal eben ein solches Trapez als Skizze hin.

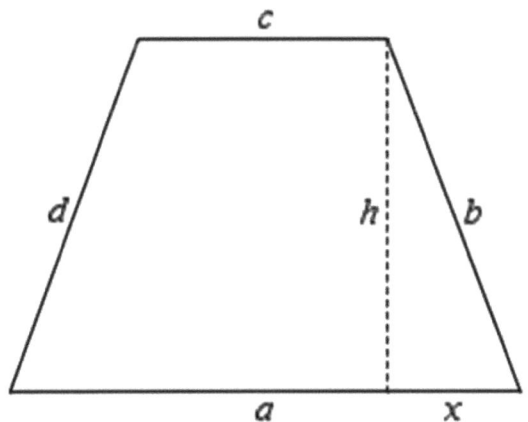

In diesem Trapez soll also gelten:

$$a = 2c$$

$$b = d$$

$$a + b + c + d = 10$$

Die Bedingung $b = d$ ergibt sich aus der geforderten Gleichschenkligkeit. Die beiden anderen Gleichungen sollten aufgrund der Erläuterungen klar sein.

Nun zur eigentlichen Aufgabe:

Bestimme die Längen a, b, c und d so, sodass der Flächeninhalt des Trapezes maximal groß wird.

Hey, was hat denn das jetzt bitte schön mit dem Thema der Parabeln zu tun?

Ja, das wirst du gleich sehen. Wenn wir die maximale Fläche des Trapezes suchen, sollten wir zunächst einmal schauen, wie die Fläche eines Trapezes berechnet wird. Dies wissen wir aus der Elementargeometrie.

$$A_{Trapez} = \frac{a+c}{2} \bullet h$$

Sehr schön. Aber 3 Buchstaben (a, c und h) sind mir hier 2 Buchstaben zu viel. Wie können wir das ändern? Schauen wir mal, es soll doch gelten: $a = 2c$

Wenn wir diese Bedingung in A_{Trapez} einsetzen, sieht die Sache schon ein wenig freundlicher aus.

$$A_{\text{Trapez}} = \frac{2c+c}{2} \cdot h = \frac{3c}{2} \cdot h = 1{,}5\, ch$$

Aber noch nicht freundlich genug. Was können wir über die Höhe h des Trapezes aussagen?

Wenn wir uns die Abbildung nochmal ansehen, bemerken wir, dass die Höhe h mit der Seite b und der Strecke x ein rechtwinkliges Dreieck bildet. Also müsste doch h nach Pythagoras durch b und x darstellbar sein.

$$h = \sqrt{b^2 - x^2}$$

Hey, das wird doch immer komplizierter. Da ist kein Land in Sicht.

Mag sein, dass es so scheint. Aber lass mal sehen. Ich denke, da lässt sich etwas machen. Wir haben ja noch Gleichungen zur Verfügung, die wir bisher teilweise nicht genutzt haben. Ich rufe sie hier in Erinnerung.

$$a = 2c$$

$$b = d$$

$$a + b + c + d = 10$$

Wir kombinieren diese und setzen in die unterste ein.

$$2c + b + c + b = 10$$

$$\Rightarrow 3c + 2b = 10$$

$$* \quad \Rightarrow b = \frac{10 - 3c}{2} = 5 - 1{,}5c \quad *$$

Da haben wir nun b durch c ausgedrückt. Merke dir diese Gleichung, wir benötigen sie noch.

Nun kümmern wir uns um diese kleine Strecke x. Was können wir über diese aussagen? Offensichtlich gilt:

$$x = \frac{a-c}{2}$$

Was soll daran offensichtlich sein? Schau dir bitte die Abbildung nochmal an. Bedenke, dass du die Strecke x auf der Seite a nochmal hast (wegen der Gleichschenkligkeit des Trapezes). Daher teilen wir die Differenz a – c durch 2 und erhalten so das x.

$$** \quad x = \frac{a-c}{2} = \frac{2c-c}{2} = \frac{c}{2} = 0{,}5c \quad **$$

Nun haben wir auch x in Abhängigkeit von c ausgedrückt. Dies ist sehr nützlich, bedeutet es doch, dass wir mit * und ** den obigen Ausdruck für die Höhe h,

$$h = \sqrt{b^2 - x^2},$$

mit dem Buchstaben c schreiben können.

$$h = \sqrt{(5 - 1{,}5c)^2 - (0{,}5c)^2}$$

$$\Rightarrow h = \sqrt{25 - 15c + 2{,}25c^2 - 0{,}25c^2}$$

$$\Rightarrow h = \sqrt{2c^2 - 15c + 25}$$

Wir haben ein wichtiges Zwischenziel erreicht. Wir haben die Höhe h in Abhängigkeit von c dargestellt.

Nun können wir endlich wieder auf unsere Formel für die Fläche des Trapezes zurückkommen.

$$A_{\text{Trapez}} = 1{,}5\ ch$$

Diese Formel schreiben wir nun so:

$$A_{\text{Trapez}} = 1{,}5\ c \bullet \sqrt{2c^2 - 15c + 25}$$

$$\Rightarrow A_{\text{Trapez}} = 1{,}5\ \sqrt{c^2(2c^2 - 15c + 25)}$$

$$\Rightarrow A_{\text{Trapez}} = 1{,}5\ \sqrt{2c^2(c^2 - 7{,}5c + 12{,}5)}$$

Wir suchen den maximalen Flächeninhalt des Trapezes. Wenn wir uns den Term auf der rechten Seite so anschauen, können wir sicherlich sagen, dass der Flächeninhalt dann maximal wird, wenn der Term unter der Wurzel maximal ist. Dabei müssen wir aber berücksichtigen, dass wir die Länge von c nicht beliebig vergrößern können. Nach unten ist die Grenze klar, denn c sollte sicherlich größer als 0 sein, ansonsten bekämen wir kein Trapez. Aber welche Grenze ergibt sich nach oben hin? Diese obere Grenze zu ermitteln, ist nicht ganz einfach. Ich gehe aus von einer weiter oben gefundenen Gleichung.

$$3c + 2b = 10$$

Wenn c nun möglichst groß werden soll, muss also b möglichst klein werden. Wie klein aber kann b werden? Diese Frage lässt sich einfacher beantworten.

Wenn du noch einmal die obige Skizze betrachtest, wirst du wahrnehmen, dass als untere Grenze für die Seite b gerade die Strecke x in Frage kommt. Kleiner als x kann b nicht werden. Für das x hatten wir aber die Beziehung

$$x = 0{,}5c$$

gefunden. Setzen wir diese also in die Gleichung ein.

$$3c + 2b = 10$$

$$\Rightarrow 3c + 2 \cdot 0{,}5c = 10$$

$$\Rightarrow 4c = 10$$

$$\Rightarrow c = 2{,}5$$

Ich sagte, kleiner als x kann b nicht werden. Genauer müsste man wohl sagen, b muss zumindest ein klein wenig größer als x sein, sonst würde man kein Trapez erhalten. Die Streckenlänge x ist eben die untere Grenze für die Seitenlänge b. Die Seite b kann diese Grenze nicht erreichen. Daher kann folgerichtig die Seite c auch den Wert c = 2,5 nach oben hin nicht ganz erreichen. Somit erhalten wir als sinnvolle Grenzen:

$$0 < c < 2{,}5$$

Kehren wir zurück zur gefundenen Formel für den Flächeninhalt des Trapezes.

$$A_{Trapez} = 1{,}5 \sqrt{2c^2(c^2 - 7{,}5c + 12{,}5)}$$

Wir hatten gesagt, dass A_{Trapez} genau dann maximal wird, wenn der Radikand unter der Wurzel maximal ist. Wir fassen daher den Radikanden einmal als Funktion auf. An dieser Stelle gehen wir ein wenig über die Thematik dieses Buches hinaus.

$$f\colon f(c) = y = 2c^2 \, (c^2 - 7{,}5c + 12{,}5)$$

$$\Rightarrow f\colon f(c) = y = 2c^4 - 15\,c^3 + 25\,c^2$$

Wir sprechen von einer ganzrationalen Funktion vierten Grades, der höchste Exponent ist gleich 4.

Mit einer solchen Funktion hatten wir es in diesem Buch noch nicht zu tun. Dennoch können wir mit unseren Kenntnissen schon einiges über den Verlauf des Graphen dieser Funktion herausfinden. Ich beginne mit den Nullstellen. Dazu setze ich den Funktionsterm in der noch nicht ausmultiplizierten Form gleich 0.

$$2c^2 \, (c^2 - 7{,}5c + 12{,}5) = 0$$

Wir erkennen sofort, dass $c_1 = 0$ eine Lösung dieser Gleichung darstellt. Wir merken uns dies und fahren fort, indem wir durch $2c^2$ dividieren.

$$\Rightarrow c^2 - 7{,}5c + 12{,}5 = 0$$

Diese Gleichung nun ist quadratisch. Da befinden wir uns auf sicherem Boden und wenden die p-q-Formel an.

$$c^2 - 7{,}5c + 12{,}5 = 0$$

$$\Rightarrow c_{2,3} = 3{,}75 \pm \sqrt{3{,}75^2 - 12{,}5}$$

$$\Rightarrow c_{2,3} = 3{,}75 \pm \sqrt{1{,}5625}$$

$$\Rightarrow c_{2,3} = 3{,}75 \pm 1{,}25$$

$$\Rightarrow c_2 = 2{,}5 \text{ und } c_3 = 5$$

Die Extrema aber ermitteln wir, auch wie bisher, mit der 1. Ableitungsfunktion.

$$f: f(c) = y = 2c^4 - 15c^3 + 25c^2$$

$$\Rightarrow f': f'(c) = y' = 8c^3 - 45c^2 + 50c$$

Da wir jene Stellen suchen, an denen der Graph von f die Steigung 0 besitzt, setzen wir die Ableitung 0.

$$8c^3 - 45c^2 + 50c = 0$$

Wir erkennen sofort, dass $c_1 = 0$ eine Lösung auch dieser Gleichung darstellt. Wir fahren fort, indem wir die Gleichung durch 8c dividieren.

$$\Rightarrow c^2 - 5{,}625c + 6{,}25 = 0$$

$$\Rightarrow c_{4,5} = 2{,}8125 \pm \sqrt{2{,}8125^2 - 6{,}25}$$

$$\Rightarrow c_{4,5} = 2{,}8125 \pm \sqrt{1{,}66} \quad \text{(gerundet)}$$

$$\Rightarrow c_{4,5} = 2{,}8125 \pm 1{,}29 \quad \text{(gerundet)}$$

$$\Rightarrow c_4 = 1{,}52 \text{ und } c_5 = 4{,}1 \quad \text{(gerundet)}$$

Wir haben gefunden: $c_1 = 0$ und $c_4 = 1{,}52$ und $c_5 = 4{,}1$

An diesen Stellen hat die Funktion f **möglicherweise** lokale Extrema. Wir können dies überprüfen, indem wir diese Werte in die 2. Ableitungsfunktion von f einsetzen. Wobei, die Werte c_1 und c_5 sind für uns letztlich nicht von Interesse, da sie außerhalb der Grenzen liegen, die wir für die Seite c ermittelt hatten. Bilden wir nun erst einmal die 2. Ableitungsfunktion von f.

$$f': f'(c) = y' = 8c^3 - 45c^2 + 50c$$

$$\Rightarrow f'': f''(c) = y'' = 24c^2 - 90c + 50$$

Nun setzen wir den Wert c_4 in diese ein.

$$f''(1{,}52) = 24 \cdot 1{,}52^2 - 90 \cdot 1{,}52 + 50 = -31{,}35 < 0$$

$$\Rightarrow H(c_4 | f(c_4)) = H(1{,}52 | 15{,}8)$$

Was haben wir gemacht? Wir haben den Wert c_4 in die 2. Ableitungsfunktion von f eingesetzt. Diese ist an der Stelle c_4 negativ, woran wir erkennen, dass die Funktion f an der Stelle c_4 einen Hochpunkt besitzt. Warum dies so ist, tja, dies wirst du im Verlauf der gymnasialen Oberstufe freilich noch lernen. Hier, im Rahmen dieses Buches, möchte ich es bei dieser Feststellung belassen. Wichtiger ist mir momentan, dass wir mit dem Hochpunkt $H(1{,}52 | 15{,}8)$ den entscheidenden Schritt getan haben, um nun auch die maximale Fläche des Trapezes berechnen zu können.

$$A_{\text{Trapez}} = 1{,}5 \sqrt{2c^2(c^2 - 7{,}5c + 12{,}5)}$$

Die Funktion f unter der Wurzel nimmt den größtmöglichen (und im Sachzusammenhang sinnvollen) Wert an der Stelle c = 1,52 (gerundet) an. Somit erhalten wir den maximalen Flächeninhalt des Trapezes, indem wir die Länge c = 1,52 in die Flächenformel einsetzen.

$$A_{\text{Trapez}} = 1{,}5 \sqrt{2 \cdot 1{,}52^2(1{,}52^2 - 7{,}5 \cdot 1{,}52 + 12{,}5)}$$

$$\Rightarrow A_{\text{Trapez}} = 5{,}95 \ [\text{m}^2] \ (\text{gerundet})$$

Für die Seitenlängen des Trapezes folgt:

a = 3,04 m und b = 2,72 m und c = 1,52 m und d = 2,72 m

Der Vollständigkeit halber möchte ich zum Schluss den Graphen der Funktion f zeichnen. Es ist sichtbar, dass sie an der Stelle 1,52 ihr lokales Maximum annimmt. Den für c sinnvollen Bereich habe ich auf der Abszisse rot markiert. Nur in diesem Intervall] 0 ; 2,5 [habe ich die Funktion gezeichnet.

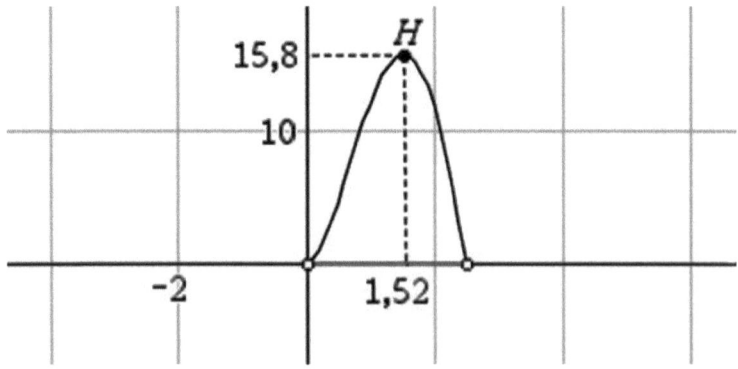

Epilog

In diesem Buch haben wir recht ausführlich quadratische Funktionen in allerlei Formen und deren Graphen, die Parabeln, behandelt und untersucht.

Ich habe mich darüber gefreut, dass ich oftmals an Inhalte meiner Bücher *Lineare Funktionen und Gleichungssysteme* und *Bamberger Matrix* direkt anknüpfen konnte.

Insbesondere der Satz des Pythagoras, der in *Bamberger Matrix* eine ausführliche Behandlung erfährt, war uns in diesem Buch ein ständiger Begleiter.

Für mich lag das Interesse an diesem Buch gerade darin, ein Thema der Sekundarstufe I mit zentralen Inhalten und Aufgabenstellungen der gymnasialen Oberstufe zu verbinden. So wollte und will dieses Buch eine Brücke schlagen. Vorhandene Kenntnisse festigen, vertiefen und weiterführen.

Mein Anliegen bestand aber auch darin, deine praktischen Fertigkeiten im Umgang mit den Funktionen und typischen Aufgabenstellungen zu trainieren.

Ich hoffe, dass dir die Lektüre und die Mitarbeit gefallen haben und das Buch dir weitergeholfen hat.

Gern kannst du mir Fragen, Hinweise oder konstruktive Kritik schriftlich zukommen lassen. Du erreichst mich im Internet unter folgender Adresse.

<u>www.lerntraining-mathematik.de</u>

Ich wünsche dir weiterhin alles Gute.